人氣 No.1　　麵包、西點與餅乾╳美味的無限可能

手作烘焙教科書

呂昇達 著

美味簡單好製作，
是本書最重要的核心

大家好，我是呂昇達老師。

每本書對我來說，都是一個全新的挑戰，距離《手揉麵包教科書》出版已經過了四年，是該迎接下一個里程碑了，在臺灣、日本、中國大陸、香港、新加坡、越南等世界各地的巡迴教學，往往得到一個共同反饋，就是學生們熱切地希望能夠有更多手作的烘焙產品，因此催生了本書的誕生。

過去我們總認為要有專業機械攪拌設備才有專業的作品，卻往往忘記了從過往歷史至今，正統手工甜點以及麵包的可貴之處，本書用簡單的作法喚醒手作熱情，一步一腳印，引領讀者走上烘焙達人之路。

本書的出版仰賴許多前輩以及專業助理們的協助，在此特別感謝松楚食品總經理游景豪、銘珍食品 Gilbert、統一麥典實作工坊團隊、嘉崧企業、開元食品、台灣原貿公司、巧福食品公司、萬記貿易公司、上優文化出版社、湯瑪士應援團、臺南私廚小餐桌，謝謝你們讓這本書趨於完美。

私廚小餐桌
創辦人與行政主廚 王俊之

「麵粉透過不同食材與烘焙、烹飪結合，變化出無限可能的美味與幸福，透過呂昇達老師的新書，更了解美味的無限可能。」

「手作甜品、手揉麵包」，昇達老師設計的作品皆適合現代的我們，只需要簡單的設備與功法，即可完成專業美味。

本書尤以麵包令我感到驚喜，全部的麵包皆為直接法製作，簡單的製程，卻擁有職人級的美味口感，讓每個人都能親手創造「幸福麵包」。

書中我製作了幾款料理搭配麵包，使用時令與日常食材，烹調不同風味與各種麵包組合。

麵包是承載美味的最佳載體，甜品是豐富靈魂幸福的糧食。皆具美麗的兩樣療癒食物，與加升溫度的料理，完美呈現於本書，希望你們喜歡，Enjoy！

松楚食品有限公司
總經理 游景豪

「入口時的『感動』，是對製程的要求。」

認識昇達師傅到現在，我對他印象很深。師傅對品質要求很高，善於運用各種食材，對於烘焙充滿熱情與執著，這本書讓人發自內心感受到溫暖與平易近人。將繁瑣困難的製作流程轉換成標準化的系統流程，有條理的解說細節，以紮實的理論基礎為出發點，讓甜點與麵包增加了許多的溫度。

結合各種質地柔軟、口感細緻的食材，搭配不同製法，創造出吃了會感動的甜點與麵包。

經由這本書讓大家可以看見並體驗烘焙帶來的豐富層次與快樂。

臺南墨菲烘焙教室

讓學員提升理論的烘焙老師
用簡單的食材做出美味的產品，利用不同食材去做比較性的產品

　　認識呂昇達老師也快七年了，著作的書籍一本接著一本，彷彿這個人有取之不盡，用之不竭的才華。每天在網路上看呂老師都忙到很晚，又那麼早起，還有時間可以出書及代言那麼多產品，工作效率之高絕對是個時間掌控者，是我心中非常欽佩的烘焙老師。

　　呂老師就像一本烘焙理論字典，像他這樣能夠在麵包、甜點及西餐領域皆有涉略的人屈指可數。所以不管是麵包或甜點都難不倒他，再加上本身還會不斷的進修，對於複雜的技術及理論，他都有辦法用淺顯易懂的方式讓學員輕易上手，在基礎理論上，以實作的方式呈現，夯實同學基石。為了讓學員能學習到產品更多不同的變化，每次上課，原本課堂上預定要製作的產品，老師都會臨時跟教室要其它食材來加以變化、組合，多樣化的教課方式也讓他在烘焙教室得到學員的愛戴。曾與他私下聊天，詢問呂昇達老師對之後的課程規劃為何？他簡單的說：「就簡單就好了，用食材的特性來做產品」。記得好幾次他來教室研發產品，小編在旁邊幫忙，會發現簡單的產品，呂昇達老師都會用不同的手法和理論來跟小編說製作方式，真是醍醐灌頂，每次製作出來的產品都會讓我有更多想法，啟發思想火花，老師真是我的烘焙引導師，相信這本工具書也可以帶給大家非常實用的幫助，也謝謝老師支持墨菲烘焙教室，讓臺南的學員有更多烘焙理論學習。

士邦食品機械廠
行銷部經理 施昕宜

　　曾經，士邦黃老闆對我們幾位資深員工說：「我們生產攪拌機，應該更深入烘焙產業，了解使用者的需求才是。」於是我生平的第一堂麵包課程，就獻給了呂昇達老師。

　　呂老師在課堂上幽默風趣，除了教導製作方式與流程外，還講解了許多烘焙專業知識，讓身為初學者的我獲益良多，很榮幸能藉著上課的機會認識呂老師，也藉此引薦老師進公司協助產品食譜開發。呂老師設計的食譜在操作上淺顯易懂，製作出的成品也是色香味俱全，就初學者面來說上手容易，簡單好操作；反之，對於已有烘焙基礎的朋友們，學習用簡易不複雜的方式，製作與市面上不相上下的精緻產品更是輕而易舉。

　　呂老師就像是烘焙界的魔術師，用最原始、單純的麵粉、奶油、糖和蛋，設計出千變萬化的烘焙產品。《手作烘焙教科書》這本書是老師出過眾多暢銷烘焙書籍中，涵蓋範圍最廣，內容最豐富的一本，除了各式甜點、麵包，甚至連內餡、西式料理教學都有，雖然範圍廣泛，但細節卻不馬虎，如辮子麵包，從單辮到五辮，每一個細節，沒有隨便應付，只有全力以赴，如此用心的工具書，值得推薦給大家。

提升職場競爭力的講師
劉昭榮

「職人」這個傳自日本的名詞，我不清楚日本人看到這個名稱會有什麼感覺，我還蠻喜歡的，因為我自己定義了這個名詞，除了用雙手製作某種事物的職業人以外，我還認為這個人要對該事物有某種程度的熱情與不斷推進該項技藝的心態與能力，而呂昇達給我的感覺就是如此——熱情的推動烘焙技術，與享受烘焙製作的過程，他是一位典型的烘焙職人。

每隔一段時間我就會跟昇達碰面聊天，地點有時選在烘焙教室，有時選在某家咖啡廳，天南地北的分享各自的情況與到各地教學或烘焙市場觀察後的想法，我不是技術者，但聽他高興地述說與分享又找到一項好的材料，可以增加產品的風味，或實作了一個新的配方與製程成功了，有時會分享在教室裡教學傳授的快樂，或是分享著各國對烘焙產品不同的想法，每個時間點似乎都充滿快樂，相信這些快樂的因子更促進了昇達想將烘焙技藝分享給大家，讓大家能在烘焙中獲得更多的樂趣，所以才有這本《手作烘焙教科書》的出版。

我在烘焙業 23 年，始終感到要將烘焙產品製作得好，本身就是需要一個有溫度的人在，將麵團揉著揉著的同時，如果將心中的「熱情」與「愛」揉進去了，該項產品吃起來一定有不一樣的味道，尤其是在家裡或者在店裡製作給家人 / 朋友或客人享用的時候，藉著產品傳達出「為你而做」的心意，會讓周圍更充滿幸福感，望著成品自己都會露出滿足的笑容。

本書的每一項產品配方與製程，都是昇達老師親手實際製作過，直到他自己覺得滿意才定案完成的，更貼心的是為了讓大家有更廣泛的樂趣、與生活中能有更多變的製作樂趣，內容放上了不同場合可以應用的餅乾、西點、麵包，在參考學習的過程中，不再單一化。

如果你想在一年內，每週都用不同種類的烘焙產品或不同的口味，來表示你對家人 / 朋友 / 客人的的用心，你就需要這本幸福工具書，可以按週次來規劃每週的特色烘焙，配方簡潔不複雜，製作過程細膩講究，如同料理界的功夫菜，讓自己製作出有深度的產品。

再豐富的麵包與甜點，也需要讓餐桌豐富的夥伴，本書貼心加入王俊之老師的私房醬料與各式輕食料理，這些可以增加麵包美味價值的料理與醬料，讓餐桌形成如彩色拼盤般的吸引力，擴充了視覺與味覺的領域，將這本書帶回家吧！你的家人、朋友、客人在接下來的一年，每週都有新的話題，也會有所期待，讓自己的烘焙製作路上，更有「人間來往力」。

白美娜小公主
Abi

怎麼感覺才剛寫完上一本書的序，又有新書發表了！

老師寫書的實力真是太驚人了，也顯見老師樂於跟讀者學生們分享自己的畢生絕學，讓我忍不住開始思考老師有繁忙的教學工作、馬不停蹄的廠商開發邀約，哪來那麼多時間可以平衡工作及家人小寶之間和諧溫馨的互動？

難道老師有平行時空可以在同一個時間做兩件不同的事？

以上純屬聊天，該說點正經的了。這次我們有幸參與這本手作教科書的拍攝，拍攝現場完全是一個極端高壓的環境，昇達老師和所有的工作人員都很緊繃，因為我們是在高標準、有限的時間內，必須製作，並拍攝完一百多種品項，現場的製作量遠高於書中所呈現的數量，因為老師只願意呈現最好作品給所有的讀者。更讓人難以想像的是，這本書裡頭真的沒有用到任何攪拌機，全程都是老師現場手工操作，我們在一旁協助備料都覺得疲累了，看著老師一邊動作一邊講解，一邊看著備料的進度，還要看每一張照片的呈現，完全看不出疲態，心想也許這就是職人與素人的不同吧！

最後一天喊收工的那瞬間，老師喝了口水，就倒在椅子上不省人事了。拍書過程真的很累，除了體力還有更多的是老師堅持要一切使用一般讀者可以取得的食材及工具製作，而我們的小確幸就是可以在現場立刻品嚐老師親手製作的商品，那個滋味只有兩個字「滿足」。這本食譜很貼心的為家裡沒有攪拌機卻又想加入，烘焙行列的朋友們設計專屬的配方，用最簡單的道具，在家也能完成麵包跟西點的製作，對想做烘焙卻遲遲無法開始的人，一定要把這本書加入購物車，讓呂昇達老師開啟您美好的烘焙世界。

Ankarsrum Assistent Original Mixer 新加坡代理
臺灣人在新加坡
家庭烘焙愛好者 *Amy Ho*

幾年前我只是呂昇達老師眾多粉絲之一，每每看到老師在臉書上專業又風趣地分享食譜和作品時，總是為老師的無私與熱心深受感動。移居海外後，非常羨慕臺灣烘友們，能參加呂昇達老師的烘焙課程。自己常在想呂昇達老師若能來到新加坡指導授課，對喜愛烘焙的我和朋友們是多棒的機會呀。

擔任瑞典知名攪拌機 Ankarsrum Assistent Original Mixer 新加坡代理後，各大烘焙教室爭相邀請的呂昇達老師就成為我極力邀約的烘焙大師之一。感謝他給足了面子接受我的邀請，百忙之中特地安排時間為新加坡的粉絲及烘焙愛好者開班授課。

2017 年的夏天，我促成了呂昇達老師在新加坡的第一次連續兩天滿座的麵包與甜點課程。老師超凡的烘焙技術與巧思，仔細的講解與延伸分享都令新加坡學員們讚不絕口。甚至下了課，還紛紛預約下一堂課的席位，深怕搶不到有限的名額而扼腕。

收到老師私邀寫序，我深感受寵若驚。後來才發現老師鮮少請人寫序，這比我跟新加坡學員與老師的合照被刊錄在《呂昇達餡料點心黃金比例 101》一書中更令我覺得更是可以拿來炫耀的事跡。

再次感謝呂昇達老師邀請我為他的新作寫序。這不只是一本烘焙教科書，更是老師歷年來教學進修過程中累積出點點滴滴的心血。希望大家可以通過這本好書，發揮自己手作烘焙無限可能的美味，誠心推薦、務必收藏。

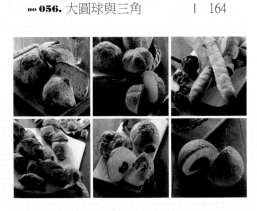

Lesson. 5 美味的無限可能
呂昇達 ✕ 王俊之

常用材料與本書使
用的特殊器具

粉類

高筋麵粉

中筋麵粉

低筋麵粉

法國麵包粉

健康全麥粉

杏仁粉

玉米粉

椰子粉

牛老大 即溶全脂奶粉

即發酵母粉

泡打粉

抹茶粉

黑胡椒粉

牛小妞 原味餅乾粉

牛小妞 巧克力餅乾粉

糖類

細砂糖

二砂糖

純糖粉

和三盆糖

素焚糖

三温糖

鹽巴

海鹽

粗鹽

澳洲天然湖鹽

馬爾頓天然海鹽

松露香鹽

奶油與乳酪

無鹽奶油

藍絲可發酵奶油

Lemnos 奶油乳酪

義大利帕瑪森乾酪

艾曼塔乾乳酪塊

雙色乳酪丁

披薩乳酪絲

艾登乳酪絲

高達乳酪絲

莫札瑞拉乳酪絲

巧克力

可可聯盟牛奶巧克力 (33%)

可可聯盟黑巧克力 (62%)

法芙娜白巧克力

高融點苦甜巧克力

法芙娜奇想巧克力

法芙娜奇想巧克力

法芙娜奇想巧克力

果乾與餡料

義大利蜜漬桔子皮

桂圓乾

葡萄乾

蔓越莓乾

高雄 9 號蜜紅豆

高雄 10 號蜜紅豆

克林姆餡

銘珍黃地瓜餡

銘珍芋頭餡

銘珍紅豆餡

醃漬加工食品

法蘭克福脆腸

培根

煙燻櫻桃鴨

網狀火腿

肉鬆

酸菜

鹽漬櫻花

水果 & 其他

香蕉

蘋果

青蘋果

檸檬

白美娜濃縮牛乳

鮮奶

香草濃縮醬

橄欖油

橙花水

雞蛋

去核黑橄欖

杏仁粒

南瓜籽

核桃

玉米脆片

白芝麻

黑芝麻

黃金亞麻籽

即食燕麥片

吉利丁片
▼

乾燥洋香菜
▼

乾燥香椿葉
▼

乾燥迷迭香
▼

Basic. 本書使用的特殊器具

麵包整形壓模模具

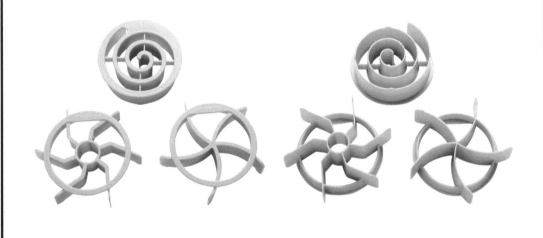

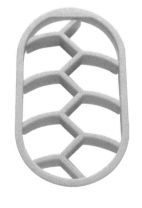

「美味餅乾系列」又分成手工餅乾、冰箱小西餅、擠花餅乾三大類。各種口味的變化是從甜的、鹹的、茶葉風味、乳酪香氣等，都涵蓋在內。圍繞著三種不同的操作方式，嚴選九個變化性極強的餅乾跟大家分享，可以自己吃，也可以組合成禮盒送人，造型變化豐富。

特別設計了從小到大，各種不同 SIZE 的規格，不強調過多的色素添加，希望書中的餅乾都是以基礎配方去做延伸，做好吃的產品就好。這次所有的餅乾都不需要機器，收錄的品項都是初學者也能上手，做起來輕鬆優雅的餅乾。「簡單、好做、好吃」是本書最重要的核心。

帕瑪森
起司餅乾

紅茶餅乾

松露鹽洋
香菜餅乾

蛋白小圓餅

拌合類

　　蛋白小圓餅在國外也叫做「雪茄餅乾」，因為造型是長條狀的，有點像雪茄的樣子，因而得名。以往這種餅乾都是拿來搭配冰淇淋做配件，這次我希望把這種餅乾變成獨立的商品，因為它是很小、很薄的餅乾，吃的時候比較不會有壓力，可以當作零嘴或零食，鹹口味的也可以當作下酒菜或餐前菜的小點心。

　　本次以基礎配方為中心，延伸設計了三種口味：紅茶、起司、松露鹽洋香菜。紅茶一直以來都是熱門首選；起司建議用帕瑪森起司，鹹度比較夠；添加松露鹽則讓餅乾更顯奢華。

Basic. 「蛋白小圓餅」基礎配方

蛋白
100g

低筋麵粉
75g

純糖粉
110g

無鹽奶油
100g

作法

1. 鋼盆加入蛋白、過篩純糖粉攪拌均勻。（圖1~2）

2. 加入融化無鹽奶油，拌勻。（圖3~4）

3. 最後加入過篩低筋麵粉，繼續用打蛋器拌勻。（圖5~7）

4. 取保鮮膜封起，冷藏 20 ～ 30 分鐘，讓它變濃稠。（圖8）

⊙ **NOTE** 如果冰的不夠，擠完就會變得很水，流性很強，製作就不漂亮。

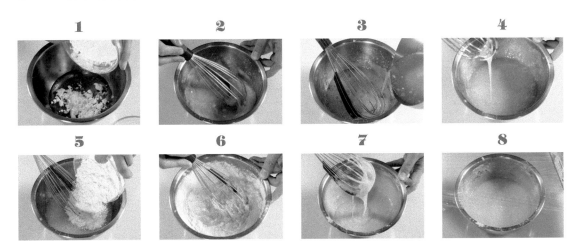

ᴺᴼ001. 紅茶餅乾 擠花餅乾

配方

蛋白小圓餅	P.19
紅茶粉	4g

作法

1. 取出冷藏後的蛋白小圓餅。

2. 加入紅茶粉拌勻。（圖1~2）

3. 刮刀輔助將麵糊裝入擠花袋中，前端剪一刀。（圖3）

4. 在鋪上不沾布的烤盤上擠約五塊錢硬幣大小（直徑3公分），每個的間距要拉開，否則拓開後會黏在一起。（圖4）

5. 送入預熱好的烤箱，以上下火180℃，烘烤10~12分鐘。

no 002. 帕瑪森起司餅乾　擠花餅乾

配方

蛋白小圓餅	P.19
帕瑪森起司絲	適量

作法

1. 取出冷藏後的蛋白小圓餅。（圖1）

2. 刮刀輔助將麵糊裝入擠花袋中，前端剪一刀。（圖2~3）

3. 在鋪上不沾布的烤盤上擠約五塊錢硬幣大小（直徑3公分），每個的間距要拉開，否則拓開後會黏在一起。（圖4）

4. 撒上適量的帕瑪森起司絲，起司絲必須直接覆蓋餅乾才可以，不能只撒一點點。（圖5~6）

◉ NOTE 建議用帕瑪森起司，鹹度比較夠。

5. 送入預熱好的烤箱，以上下火180℃，烘烤10~12分鐘。

꜀ꜘ003. 松露鹽洋香菜餅乾 擠花餅乾

配方

蛋白小圓餅	P.19
松露鹽	適量
乾燥洋香菜	適量

作法

1. 取出冷藏後的蛋白小圓餅。（圖1）

2. 刮刀輔助將麵糊裝入擠花袋中，前端剪一刀。（圖2）

3. 在鋪上不沾布的烤盤上擠約五塊錢硬幣大小（直徑3公分），每個的間距要拉開，否則拓開後會黏在一起。（圖3）

4. 撒上適量的乾燥洋香菜與松露鹽。（圖4~6）

5. 送入預熱好的烤箱，以上下火180℃，烘烤10~12分鐘。

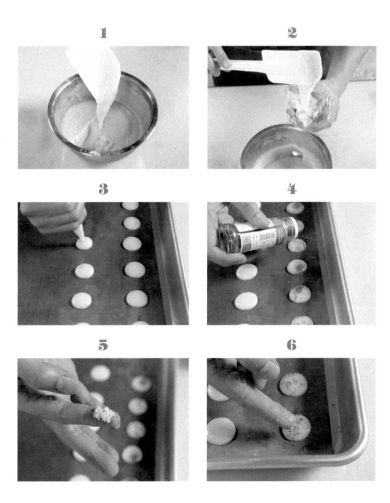

燕麥葡萄
餅乾

可可椰香
餅乾

美式傳統鄉村餅乾

拌合類

　　不同於現在的餅乾，傳統的美式餅乾為了製作方便，通常不會打發，而是把材料用混合（拌合）的方式製作，作法相對簡單，也因此保留了餅乾原始的粗曠風味。

　　傳統的美式鄉村餅乾一般都使用二砂糖，一方面味道比較濃郁，另一方面在早期社會中，精緻糖是比較高級的，二砂糖在取得上較為方便。針對這個經典，我設計了燕麥葡萄、可可椰香兩種口味，這兩個都是基本款的口味變化，甜度雖然稍高，但卻是美式餅乾該具備的傳統模樣。

Basic. 「美式傳統鄉村餅乾」基礎配方

二砂糖 **100g**

低筋麵粉 **130g**

雞蛋 **35g**

無鹽奶油 **80g**

泡打粉 **3g**

作法

1. 鋼盆加入室溫軟化的無鹽奶油、二砂糖，用打蛋器稍微拌合。（圖 1~2）

◉ **NOTE** 美式傳統鄉村餅乾的訣竅是「拌勻」不是打發。

2. 加入全部的雞蛋，拌至材料與蛋液融合即可。（圖 3~4）

3. 加入過篩泡打粉、過篩低筋麵粉，刮刀由底部沿著鋼盆邊緣，將材料朝中心拌入，連續不間斷的翻拌，拌至看不見粉粒。（圖 5~7）

ᵉ004. 可可椰香餅乾 手工餅乾

配方

美式傳統鄉村餅乾	P.27
椰子絲	35g
高溫巧克力豆	40g

作法

1. 確認拌至無粉粒後，準備做口味變化。

2. 加入椰子絲、高溫巧克力豆拌勻。（圖1）

3. 每個分割20g，手工整形成圓形，間距相等的放上不沾烤盤，用兩根手指稍微壓一下。（圖2~4）

4. 送入預熱好的烤箱，以上下火170℃，烘烤25分鐘。

ᴺᴼ005. 燕麥葡萄餅乾 | 手工餅乾

配方

美式傳統鄉村餅乾	P.27
燕麥片	35g
葡萄乾	40g
二砂糖	適量

作法

1. 確認拌至無粉粒後，準備做口味變化。（圖1）

2. 加入燕麥片、葡萄乾拌勻。（圖2）

3. 每個分割 20g，手工整形成圓形，間距相等的放上不沾烤盤，用兩根手指稍微壓一下。（圖3~5）

4. 中心撒上適量二砂糖裝飾，送入預熱好的烤箱，以上下火 170℃，烘烤 25 分鐘。（圖6）

美式玉米
片餅乾

美式核桃
餅乾

美式餅乾

拌合微打發

「美式餅乾」在製作上跟「美式傳統鄉村餅乾」差不多，只是稍微調整作法，將奶油與糖稍微打發，使口感稍微蓬鬆一些，吃起來也會比較軟一點，另外這款也將糖量降低，更符合現代人吃到的美式餅乾口感。

變化部分，一個拌入玉米脆片，一個拌入核桃，變化出玉米脆片跟美式核桃兩種口味。基本上因為美式餅乾、美式傳統鄉村餅乾這兩款餅乾都比較甜，所以口味變化材料拌入的量會比較多，搭配起來恰到好處。

Basic.「美式餅乾」基礎配方

低筋麵粉
125g

二砂糖
15g

細砂糖
75g

雞蛋液
50g

泡打粉
3g

無鹽奶油
125g

作法

1. 鋼盆加入室溫軟化的無鹽奶油、細砂糖、二砂糖。（圖1）

2. 以打蛋器打發，材料狀態會變得膨發一點、呈乳白色。（圖2）

3. 加入全部的雞蛋液，拌至材料與蛋液融合即可。（圖3~4）

4. 加入過篩泡打粉、過篩低筋麵粉拌勻，刮刀由底部沿著鋼盆邊緣，將材料朝中心拌入，連續不
間斷的翻拌，拌至看不見粉粒。（圖5~7）

1   2   3   4

5   6   7

ꜱₒ 006. 美式玉米片餅乾 | 手工餅乾 |

配方

美式餅乾	P.33
玉米脆片	90g

作法

1. 確認拌至無粉粒後，準備做口味變化。

2. 加入玉米脆片拌勻。（圖 1~2）

3. 湯匙挖起整形，間距相等的撥入不沾烤盤。（圖 3~4）

4. 中心用手指輕輕壓一下，不用把它聚合，也不需要壓太扁，因為形狀一定是不規則的，讓它自然隨意拓開就好。（圖 5~6）

5. 送入預熱好的烤箱，以上下火 170℃，烘烤 20~25 分鐘。

no 007. 美式核桃餅乾 手工餅乾

配方

美式餅乾	P.33
核桃	90g

作法

1. 確認拌至無粉粒後,準備做口味變化。（圖1）

2. 加入核桃拌勻。（圖2~3）

3. 湯匙挖起整形,間距相等的撥入不沾烤盤,不用把它聚合,也不需要壓太扁,因為形狀一定是不規則的,讓它自然隨意拓開就好。（圖4~6）

4. 送入預熱好的烤箱,以上下火170℃,烘烤20~25分鐘。

1

2

3

4

5

6

乳酪黑胡
椒餅乾

煉乳燕麥
餅乾

日式煉乳餅乾

打發類

前三款餅乾「蛋白小圓餅」、「美式傳統鄉村餅乾」、「美式餅乾」都沒有打發，只是拌一拌或微打發而已。現在要做的餅乾要開始打發了，作法由簡入深，依然美味。

「日式煉乳餅乾」材料用了泡打粉、煉乳，加上將奶油與純糖粉打發的作法，食用上口感是很酥鬆的，吃起來的酥鬆感會比微打發的美式餅乾強烈許多。

Basic.「日式煉乳餅乾」基礎配方

低筋麵粉
125g

純糖粉
60g

泡打粉
3g

無鹽奶油
125g

雞蛋液
50g

煉乳
30g

作法

1. 鋼盆加入室溫軟化的無鹽奶油、純糖粉。（圖1）

2. 以打蛋器打發，材料狀態會變得膨發一點、呈乳白色。（圖2）

⊙ NOTE 打發才會有酥鬆感，使用純糖粉的目的就是希望能打的發一點。

3. 加入煉乳，再繼續打發。（圖3）

⊙ NOTE 必須打發之後才能加煉乳，因為煉乳的打發性不好。

4. 加入一半的雞蛋液，用刮刀拌到蛋液都吸收、乳化。（圖4~5）

⊙ NOTE 日式煉乳餅乾的雞蛋液比較多一點，所以不能全下，要分兩次。

5. 再加入剩餘的雞蛋液，繼續攪拌到像奶油霜的樣子。（圖6~7）

⊙ NOTE 這是日式餅乾的特色，餅乾的麵糊會做的比較細緻一點。

6. 加入過篩低筋麵粉、過篩泡打粉，用刮拌方式攪拌均勻。（圖8）

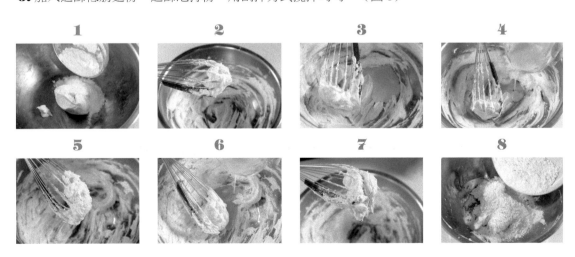

1 2 3 4

5 6 7 8

ᴺᴼ008. 煉乳燕麥餅乾 [手工餅乾]

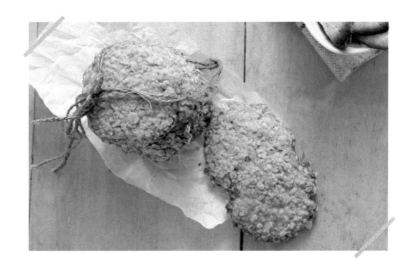

配方

日式煉乳餅乾	P.39
燕麥片	90g

作法

1. 確認拌至無粉粒後，準備做口味變化。

2. 加入燕麥片拌勻，以保鮮膜封起冷藏 20 分鐘。（圖 1~3）

◉ NOTE 日式煉乳餅乾不調粉，是靠冷藏來調整軟硬度。

3. 冰完每個分割 20g，手工整形成圓形，沾裹上配方外的燕麥片裝飾。（圖 4~5）

4. 間距相等的放上不沾烤盤，壓薄一點，直徑約 7 公分。（圖 6）

5. 送入預熱好的烤箱，以上下火 180℃，烘烤 20~25 分鐘。

^{no}009. 乳酪黑胡椒餅乾 擠花餅乾

配方

日式煉乳餅乾	P.39
高達乳酪絲	90g
黑胡椒粉	2g

作法

1. 確認拌至無粉粒後，準備做口味變化。

2. 加入高達乳酪絲、黑胡椒粉拌勻，裝入擠花袋。（圖1~3）

3. 擠花袋剪1公分左右的開口，在不沾烤盤上間距相等的擠成條狀。（圖4~5）

4. 最後在中心撒上一點配方外的黑胡椒粉做裝飾。（圖6）

5. 送入預熱好的烤箱，以上下火180℃，烘烤20~25分鐘。

娜娜核桃
奶酥餅乾

娜娜白巧克
力南瓜籽

娜娜牛奶餅乾

打發類

　　「娜娜牛奶餅乾」是一款全素或奶素的餅乾，這款餅乾完全沒有加蛋，做成圓球烘烤之後，裡面吃起來會酥酥鬆鬆的。這個配方需要打比較發，通常在設計比較低糖分的餅乾配方，就會選擇打發一點，因為它造成的口感跟高糖分的餅乾不太一樣。美式餅乾糖分較高，口感是脆的；日式餅乾糖分較低，口感就是酥跟鬆。酥跟鬆一般就是以糖的量、奶油的多寡、麵粉的多寡來調整，麵粉越多一定越硬。

作法

1. 鋼盆加入室溫軟化的無鹽奶油、純糖粉、煉乳。（圖1）

2. 以打蛋器打發，材料狀態會變得膨發一點、呈乳白色。

⊙ **NOTE** 因為煉乳的量非常少，所以可以一開始就加入煉乳。

3. 分次加入白美娜濃縮鮮乳拌勻，顏色會越變越白，直至完全乳化。（圖2~6）

⊙ **NOTE** 因為白美娜是濃縮乳汁，所以不能加太快，至少要分四次加入。

4. 加入過篩低筋麵粉、過篩泡打粉，用刮拌方式攪拌均勻。（圖7~8）

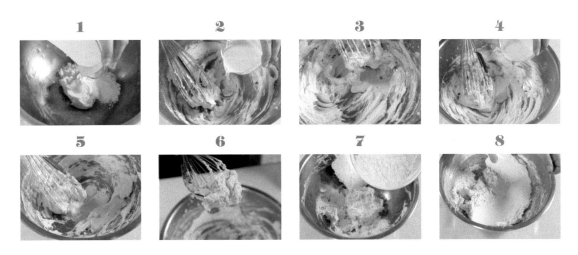

no 010. 娜娜核桃奶酥餅乾 手工餅乾

配方

娜娜牛奶餅乾	P.45
核桃	50g
細砂糖	適量

作法

1. 確認拌至無粉粒後，準備做口味變化。

2. 加入核桃拌勻，以保鮮膜妥善封起冷藏20分鐘。（圖1~3）

⊙ **NOTE** 要冰到可以操作的軟硬度。因為全素類的餅乾沒有用蛋做凝結，保水性會比較差，用糖裹在外面可以烤出比較蓬鬆的口感。也因為沒有蛋的成分，所以烘烤時間會比有含蛋的餅乾稍微長一點（約25分鐘），讓水分收乾一點，吃起來會比較酥，但是烤溫會比較低。

3. 冰完每個分割20g，手工整形成圓形，沾裹上細砂糖裝飾。（圖4~5）

4. 間距相等排入不沾烤盤，送入預熱好的烤箱，以上下火180℃，烘烤20~25分鐘。（圖6）

⊙ **NOTE** 整形後不要壓，讓它自然拓開成圓餅的造型。

ⁿᵒ011. 娜娜白巧克力南瓜籽 $\boxed{\text{手工餅乾}}$

配方

娜娜牛奶餅乾	P.45
白巧克力	50g
南瓜籽	20g
二砂糖	適量

作法

1. 確認拌至無粉粒後，準備做口味變化。

2. 加入白巧克力、南瓜籽拌勻，以保鮮膜妥善封起冷藏 20 分鐘。（圖 1~2）

⊙ **NOTE** 要冰到可以操作的軟硬度。因為全素類的餅乾沒有用蛋做凝結，保水性會比較差，所以用糖裹在外面可以烤出比較蓬鬆的口感。也因為沒有蛋的成分，所以烘烤時間會比有含蛋的餅乾稍微長一點（約 25 分鐘），讓水分收乾一點，吃起來會比較酥，但是烤溫會比較低。

3. 冰完每個分割 20g，手工整形成圓形，沾裹上二砂糖裝飾。（圖 3~4）

4. 間距相等排入不沾烤盤，送入預熱好的烤箱，以上下火 180℃，烘烤 20~25 分鐘。（圖 5~6）

⊙ **NOTE** 整形後不要壓，讓它自然拓開成圓餅的造型。

杏仁橙香
餅乾

杏仁青檸
餅乾

水果餅乾

打發類

　　這是一款日式的水果餅乾，餅乾的整形不會加入麵粉讓它變硬，而是靠冷藏的時間來調整軟硬度，再利用不一樣的果汁來製作，變化出不同的滋味。配方中的柳橙汁可以替換成檸檬汁，柑橘類的柳橙與檸檬，吃的時候帶點淡淡的果香，甜度比較低，是屬於清爽型的餅乾風味。

Basic.「水果餅乾」基礎配方

低筋麵粉
120g

杏仁粉
60g

柳橙汁／檸檬汁
15g

無鹽奶油
100g

雞蛋液
15g

純糖粉
60g

作法

1. 鋼盆加入室溫軟化的無鹽奶油、純糖粉。（圖1）

2. 以打蛋器打發，材料狀態會變得膨發一點、呈乳白色。（圖2）

3. 呈乳白色後加入雞蛋液，用刮刀拌到蛋液都吸收、乳化，再攪拌至呈奶油霜的狀態。（圖3~4）

⊙ NOTE 雞蛋量很少不用分次加。
雞蛋跟柳橙汁或檸檬汁不可以一起加，否則會容易分離掉，必須蛋乳化均勻後，才可以加入柳橙汁或檸檬汁。

4. 依照想做的口味，選擇加入柳橙汁或檸檬汁拌勻。（圖5~6）

5. 加入過篩低筋麵粉、過篩杏仁粉，用刮拌方式攪拌均勻。（圖7~8）

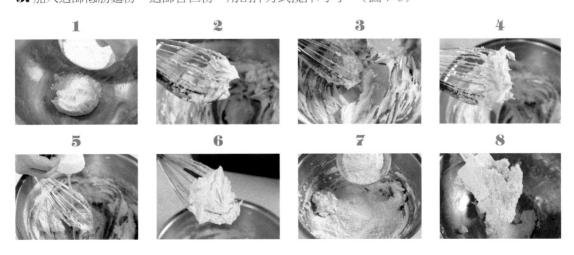

1　　2　　3　　4

5　　6　　7　　8

配方

水果餅乾	P.51
蜜漬橘皮丁	50g
素焚糖	適量

🎯 **NOTE** 日本素焚糖類似臺灣的黑糖，產地位於日本的奄美諸島，它有黑糖的特色，本質又非常細緻，是很細微的粉末狀，所以化口性非常好，不像黑糖的殘留感過於強烈。並且素焚糖的礦物質含量比黑糖更高，雖然具有黑糖的香味，卻不會蓋過柳橙的味道，搭配柳橙非常合適哦！

1

2

作法

1. 確認拌至無粉粒後，準備做口味變化。

2. 加入蜜漬橘皮丁拌勻，以保鮮膜妥善封起冷藏 20 分鐘。（圖 1~2）

3

3. 冰完每個分割 20g，手工整形成圓形。（圖 3）

4

4. 間距相等排入不沾烤盤，用兩根手指稍微壓一下，撒上素焚糖裝飾。（圖 4~5）

5

5. 送入預熱好的烤箱，以上下火 170℃，烘烤 20~25 分鐘。

no 013. 杏仁青檸餅乾　擠花餅乾

配方

水果餅乾	P.51
檸檬皮屑	適量

作法

1. 確認拌至無粉粒後，準備做口味變化。

2. 加入檸檬皮屑拌勻，以保鮮膜妥善封起冷藏 20 分鐘。（圖 1）

3. 冰完裝入擠花袋中，花嘴型號 SN7093。（圖 2）

4. 間距相等擠上不沾烤盤，送入預熱好的烤箱，以上下火 170℃，烘烤 18~20 分鐘。（圖 3）

⊙ **NOTE** 擠花的大概 18~20 分鐘就會熟了，因為擠花的量比較少，烤的時間會比較快。

5. 出爐後再撒適量檸檬皮屑裝飾。

⊙ **NOTE** 如果把檸檬皮屑一起烤，因為皮屑面積小，烘烤時餅乾還沒熟，皮屑就燒焦了，因此建議出來再裝飾，如果想避免皮屑掉下來，可以先刷少許果膠再撒皮屑。

1

2

3

櫻花日式抹茶小西餅

原味日式抹茶小西餅

日式抹茶小西餅

打發類

　　「日式抹茶小西餅」也是打發類的餅乾，基本上有「打發」作法的餅乾都是強調口感的酥鬆性，抹茶餅乾只是一個基底，材料抹茶可以替換成煎茶粉、紅茶粉、咖啡粉等，就會有很多組合搭配，是很迷人的茶類點心。

　　「日式抹茶小西餅」跟「水果餅乾」，是考慮到完全不想加泡打粉的人設計而成的。這些餅乾的蓬鬆度就是得靠打發，如果打發的不夠，吃起來就會很硬；打發足夠、冷藏鬆弛的時間足夠，做出來的餅乾才會好吃。

Basic. 「日式抹茶小西餅」基礎配方

低筋麵粉 **150g**
純糖粉 **100g**
奶粉 **20g**
杏仁粉 **20g**
雞蛋液 **50g**
無鹽奶油 **120g**
抹茶粉 **8g**

作法

1. 鋼盆加入室溫軟化的無鹽奶油、純糖粉。（圖1）

⊙ NOTE 為何使用純糖粉呢？因為一般糖粉為了避免結粒，都會添加修飾澱粉或玉米澱粉來讓凝結性增加，因此會打不出那種蓬鬆的感覺。

2. 以打蛋器打發，材料狀態會變得膨發一點、呈乳白色。（圖2）

3. 分兩次加入雞蛋液拌勻，第一次拌至蛋液與材料融合，第二次拌至材料呈完整打發的狀態。（圖3~5）

4. 加入過篩奶粉、過篩抹茶粉、過篩低筋麵粉、過篩杏仁粉，拌至無粉粒。（圖6~7）

5. 最後取保鮮膜妥善封起，冷藏鬆弛至少30分鐘，再來整形。（圖8）

⊙ NOTE 要冷藏比較久再來整形，是因為要整形成柱狀，在桌面上的整形時間會比較長，所以它在冰箱鬆弛跟冷藏的時間需要久一點。

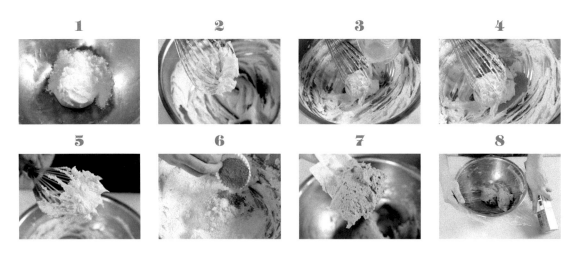

1   2   3   4

5   6   7   8

no 014. 原味日式抹茶小西餅 | 冰箱小西餅 |

配方

| 日式抹茶小西餅 | P.57 |
| 核桃 | 適量 |

作法

1. 取出冷藏鬆弛的麵團，此時的麵團因為冷藏的關係，質地會硬一些。（圖1）

2. 撒上一點高筋麵粉，調整餅乾的軟硬度，調整到不會沾黏、好整形的軟硬度即可。（圖2）

3. 放在白報紙上，捲起，整形成直徑4公分的條狀，冷凍60分鐘。（圖3~6）

⊙ **NOTE** 為了讓形狀可以固定的比較完整，建議可以捲兩張白報紙，紙厚一點形狀會比較完整。

4. 拆開白報紙，麵團切1公分厚，間距相等的放上不沾烤盤，裝飾整片的核桃。（圖7~8）

⊙ **NOTE** 吃不完的話，可以不要一次切完，冷凍可以保存1個月。

5. 送入預熱好的烤箱，以上下火160℃，烘烤20分鐘。

⊙ **NOTE** 日式抹茶小西餅變化的兩款餅乾都必須低溫烘烤，因為抹茶會變色，核桃會烤燒焦，這種餅乾要長時間烤，水分才會去除掉，算是餅乾中烤溫很低的，用160℃慢慢烤。

ᴺᴼ015. 櫻花日式抹茶小西餅 冰箱小西餅

配方

日式抹茶小西餅　　P.57
鹽漬櫻桃　　　　　適量

作法

1. 取出冷藏鬆弛的麵團，此時的麵團因為冷藏的關係，質地會硬一些。（圖1）

2. 麵團撒上一點高筋麵粉，調整餅乾的軟硬度，調整到不會沾黏、好整形的軟硬度即可。（圖2）

3. 放在白報紙上，捲起，整形成直徑3公分的條狀，冷凍60分鐘。（圖3~5）

◉ **NOTE** 為了讓形狀可以固定的比較完整，建議可以捲兩張白報紙，紙厚一點形狀會比較完整。

4. 拆開白報紙，麵團切1公分厚，間距相等的放上不沾烤盤，裝飾鹽漬櫻花。（圖6~7）

◉ **NOTE** 鹽漬櫻花需先用水把多餘的鹽分去除掉。

吃不完的話，可以不要一次切完，冷凍可以保存1個月。

5. 送入預熱好的烤箱，以上下火160℃，烘烤20分鐘。

◉ **NOTE** 日式抹茶小西餅變化的兩款餅乾都必須低溫烘烤，因為抹茶會變色，這種餅乾要長時間烤，水分才會去除掉，算是餅乾中烤溫很低的，用160℃慢慢烤。

6. 放上圓形遮擋物，撒配方外糖粉裝飾。（圖8）

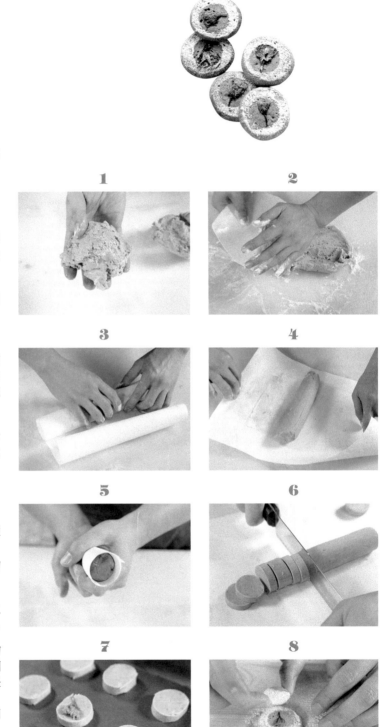

1　2　3　4　5　6　7　8

可可玉米
脆片餅乾

濃情可可
餅乾

日式奶油餅乾

拌合類

　　這款比較特殊的是它沒有打發,直接將無鹽奶油加純糖粉拌勻之後,就可以加雞蛋了。不打發的原因是希望巧克力吃起來比較濃郁,而不是吃到餅皮過度酥鬆。另外原本的設計是低筋麵粉 90g、可可粉 20g,因為配方把可可粉去掉的關係,而增加了麵粉量。

　　這次使用的可可巧克力量非常多,每一口都可以吃到很濃郁的巧克力味道,特別設計兩種口味:「濃情可可餅乾」跟「可可玉米脆片餅乾」,因為玉米脆片是無糖的,吃起來甜度就會降低很多,增加脆脆的口感。

Basic.「日式奶油餅乾」基礎配方

低筋麵粉 **110g**

純糖粉 **50g**

無鹽奶油 **85g**

雞蛋 **25g**

泡打粉 **3g**

作法

1. 鋼盆加入室溫軟化的無鹽奶油、純糖粉拌勻。（圖1~2）

⊙ **NOTE** 拌均勻即可，不用打發。

2. 不用分次拌，一次加入全部的雞蛋拌勻，拌勻後的材料會呈現泛黃狀態。（圖3~4）

3. 加入過篩低筋麵粉、過篩泡打粉，用壓拌的方式拌至無粉粒。（圖5~6）

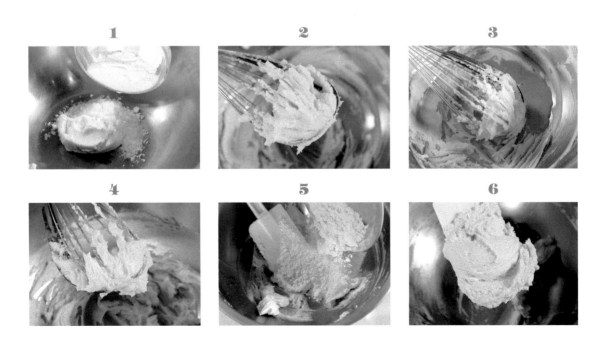

no 016. 濃情可可餅乾 手工餅乾

配方

日式奶油餅乾	P.63
苦甜巧克力	150g
可可碎豆	適量

作法

1. 確認拌至無粉粒後，準備做口味變化。

2. 加入苦甜巧克力拌勻，拌均勻即可，不用打發。（圖1~3）

3. 桌面上撒一點高筋麵粉，每個分割35g。（圖4）

4. 間距相等的放上不沾烤盤，壓成直徑10公分左右的圓片，表面隨意撒上可可碎豆。（圖5~6）

⊙ **NOTE** 此款餅乾會故意做的大一點，專門設計給下午茶吃的單片餅乾。

5. 送入預熱好的烤箱，以上下火170℃，烘烤20~25分鐘。

⊙ **NOTE**

餅乾裡外都有巧克力，這樣味道就會很濃郁。

本配方是使用法芙娜加勒比66%的苦甜巧克力。因為這種巧克力融化速度很快，麵糊拌完會很像瑞士巧克力冰淇淋。這種巧克力風味很濃，所以餅乾不可以打太發，否則吃起來的風味就不好了。

ᴺᴼ 017. 可可玉米脆片餅乾 | 手工餅乾 |

配方

日式奶油餅乾	P.63
苦甜巧克力	75g
玉米脆片	75g

作法

1. 確認拌至無粉粒後，準備做口味變化。

2. 加入苦甜巧克力、玉米脆片拌勻，拌均勻即可，不用打發。（圖1~3）

⊙ **NOTE**
因為玉米片比較多，所以要拌更均勻一點，讓麵糊都有裹到玉米片。

怕太甜的人，其實不用更改配方，只要配無糖的玉米脆片就好，一樣可以吃到巧克力餅乾很濃郁的風味，玉米脆片又可以降低甜度。

3. 桌面上撒一點高筋麵粉，每個分割35g。

4. 間距相等的放上不沾烤盤，不用刻意壓平，稍微聚合成直徑6公分左右即可。（圖4~6）

⊙ **NOTE** 因為希望餅乾吃起來有點空氣感，所以不用刻意用力壓平，稍微聚合就好。

5. 送入預熱好的烤箱，以上下火170℃，烘烤20~25分鐘。

奶油肉鬆
莫札瑞拉
乳酪餅乾

洋香菜艾登
乳酪餅乾

黑胡椒切達
乳酪餅乾

迷迭香高達
乳酪餅乾

起司餅乾

打發類

「起司餅乾」組織相當鬆軟，可以做成夾餡型的，也可以做成很多鹹味變化。通常乳酪餅乾的配方一定是做鹹鹹甜甜的，本次一共有四個變化：洋香菜、黑胡椒、迷迭香、奶油肉鬆，其中奶油肉鬆就是做夾餡的，有點像馬卡龍夾餡的方式。

Basic. 「起司餅乾」基礎配方

低筋麵粉 **110g**
純糖粉 **60g**
無鹽奶油 **100g**
杏仁粉 **10g**
雞蛋液 **30g**
起司粉 **10g**
泡打粉 **2g**

作法

1. 鋼盆加入室溫軟化的無鹽奶油、純糖粉拌勻。（圖 1）

2. 一口氣加入全部的雞蛋液，拌勻。（圖 2~3）

3. 加入過篩起司粉、過篩低筋麵粉、過篩杏仁粉、過篩泡打粉，用壓拌的方式拌至無粉粒。（圖 4~5）

4. 裝入擠花袋，花嘴型號 SN7093。（圖 6）

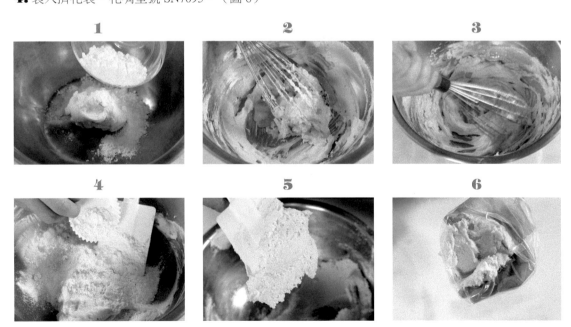

1　　2　　3

4　　5　　6

ᴺᵒ018. 洋香菜艾登乳酪餅乾 | 擠花餅乾

配方

起司餅乾	P.69
乾燥洋香菜	適量
艾登乳酪絲	適量

作法

1. 擠花袋前端剪一刀，間距相等的擠上不沾烤盤，擠螺旋形狀。（圖1）

⊙ **NOTE** 因為這個擠花不太好擠，所以量不要裝太多，慢慢擠就好。

2. 在餅乾的 1/2 處撒上艾登乳酪絲，撒上乾燥洋香菜裝飾。（圖2~3）

⊙ **NOTE** 艾登乳酪絲不要太多，鋪一半就好，避免破壞餅乾的紋路。

3. 送入預熱好的烤箱，以上下火 180℃，烘烤 20~25 分鐘。

1

2

3

019. # 黑胡椒切達乳酪餅乾 擠花餅乾

配方

起司餅乾	P.69
黑胡椒粉	適量
切達乳酪絲	適量

作法

1. 擠花袋前端剪一刀，間距相等的擠上不沾烤盤，擠波浪形狀。（圖1）

⊙ NOTE 因為這個擠花不太好擠，所以量不要裝太多，慢慢擠就好。

2. 在餅乾的 1/2 處撒上切達乳酪絲，撒上黑胡椒粉裝飾。（圖2~3）

⊙ NOTE
切達乳酪絲不要太多，鋪一半就好，避免破壞餅乾的紋路。
黑胡椒用有顆粒的或粉末狀的都可以，會有不同的風味。

3. 送入預熱好的烤箱，以上下火 180℃，烘烤 20~25 分鐘。

1	2	3

^{no}020. 迷迭香高達乳酪餅乾 擠花餅乾

配方

起司餅乾	P.69
乾燥迷迭香	適量
海鹽	適量
高達乳酪絲	適量

作法

1. 擠花袋前端剪一刀，間距相等的擠上不沾烤盤，擠成 U 字型。（圖 1）

⊙ **NOTE** 因為這個擠花不太好擠，所以量不要裝太多，慢慢擠就好。

2. 撒上乾燥迷迭香、海鹽裝飾提味。（圖 2~3）

3. 在餅乾缺口處撒上高達乳酪絲。（圖 4）

4. 送入預熱好的烤箱，以上下火 180℃，烘烤 20~25 分鐘。

1
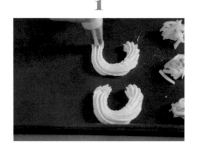

2

3

4

ⁿᵒ021. 奶油肉鬆莫札瑞拉乳酪餅乾

擠花餅乾

配方

起司餅乾	P.69
莫札瑞拉乳酪絲	適量
肉鬆	適量
無鹽奶油	適量

作法

1. 擠花袋前端剪一刀，間距相等的擠上不沾烤盤，擠成小花形狀，撒莫札瑞拉乳酪絲。（圖1~2）

⊙ **NOTE** 因為這個擠花不太好擠，所以量不要裝太多，慢慢擠就好。

2. 送入預熱好的烤箱，以上下火180℃，烘烤20~25分鐘。

3. 出爐放涼，取兩片餅乾，兩面都抹一些奶油，放上肉鬆夾起。（圖3~4）

Q 請問老師，餅乾可以先做好冰冰箱，下次要吃的時候再拿出來切嗎？大約可以保存多久呢？

A 冰箱小西餅就可以做完放冰箱冷凍。重點是保存環境，做完放冰箱變硬之後，還要再取出來用保鮮膜封好，不然放在冰箱裡其實會吸收雜味。另外如果都用保鮮膜封好的話，即使放一個月也沒問題，但建議冰箱小西餅盡量在一個禮拜內切完、烤完，這樣的品質才是最好的。

Q 請問老師，本書的餅乾能夠保存多久？

A 全部的餅乾會分成兩大類：鹹的跟甜的。只要是有鹹味的餅乾，幾乎都在 5 天內要食用完畢，因為起司雖然會烤過變的水分更少，但是一般乳酪類或鹹味的餅乾，都建議在 5 天內吃完，至於甜味餅乾，最佳賞味期是 7 天之內。

食物的「保存」跟「賞味」是一個很大的差異，餅乾烤好後，在完全密封的狀態下保存 30 天是可以的，因為水活性低於 30，它是比較不會壞掉的，譬如發霉、受潮這類的變質。但因為是用天然食材做麵包或糕點類，因此會有風味流失的缺點，例如奶油風味的流失、煉乳風味的流失、巧克力風味的流失、香草風味的流失，這些才是餅乾的賞味期跟保存期落差這麼大的關鍵。好吃的餅乾是 7 天之內才好吃，你放了一、兩個禮拜還是可以吃阿，但是它的風味一定是不一樣的。

Q 請問老師，你在設計餅乾的時候是先從哪個方向來構思？例如酥脆的口感或者味道等。

A 設計餅乾，第一要素是「好吃」。因為餅乾不論是酥、脆、抹茶等不同風味，都是建立在「好吃」的基礎上。

人們對於好吃的甜點定義是什麼呢？其實就是不能違背我們一般的認知。

舉例來說，如果巧克力餅乾裡面加皮蛋，縱使你使用再好的巧克力，它在認知上就是有落差。基本好吃的認知，像是巧克力搭配椰子、香蕉；玉米脆片搭配奶油、二砂；堅果搭配奶油、糖。這些就是基本的好吃組合，餅乾的好吃就是從這些東西組合起來的。

像本書有設計全素的餅乾，為什麼白巧克力要配南瓜籽？因為白巧克力比較甜，加了南瓜籽之後就能緩和風味，而且對於素食者而言，南瓜籽也是比較能接受的產品，這就是產品設計的一個重點。你要幫消費者考慮到，吃素的人、小朋友、或是採買食材的困難度等。大家仔細研讀，其實會發現本書的餅乾配方食材都很容易取得。本書使用到的糖類很多，書中會說明何者可以互相替代增加風味，但實際上還是建議讀者使用配方裡的糖去做，例如我想做娜娜核桃奶酥餅乾，配方是使用純糖粉，但讀者也可以改成日本的素焚糖（它是黑糖的一種），這樣餅乾就有黑糖核桃的風味了。

糖，就是風味性的變化，使用黑糖、二砂糖、紅糖、和三盆糖，都可以做出不同風味，如果你要做糖的種類的變換，並非減量，而是做對等的糖量。

Q 請問老師，為什麼有時候餅乾的配方是用蛋白或蛋黃，有時候卻是全蛋呢？

A 餅乾如果要比較硬的話，就用蛋白，像是冰箱小西餅、低成本的餅乾；用蛋黃則會比較酥，結構性變差，像是布列塔尼餅乾、布雷頓餅乾等。

一般我們會希望餅乾吃起來有脆度、有香氣又有酥鬆性，雞蛋就是最好的選擇，因此大部分餅乾都是使用雞蛋，而且雞蛋在使用上也比較容易。

關於蛋白小圓餅

 Q 請問老師，為何要用紅茶粉，而非紅茶葉？

 A 因為紅茶葉的顆粒太粗了會破壞口感。紅茶粉比較細緻，在沒有熱水的處理之下，它的紅茶香味比較容易釋放出來。

 Q 請問老師，為何要用純糖粉，而非砂糖？

 A 因為砂糖要等它融化靜置，需要蠻長的時間才會完全融化，我們的紅茶餅乾希望製作完成之後可以迅速操作的話，純糖粉的融化速度會比較快。

 Q 請問老師，純糖粉可以改成糖粉嗎？

 A 不行。因為純糖粉是純的，做起來會比較脆。有部分糖粉則含有澱粉的存在，像是玉米澱粉可以避免受潮結塊，做起來就會比較不脆。

關於美式傳統鄉村餅乾

 Q 請問老師，巧克力豆可以用可可粉取代嗎？

 A 不行。因為可可粉是無糖的，而且它本身是屬於澱粉，而巧克力豆則是副食材添加，可以增加餅乾的風味，這兩者的性質是完全不同的。

 Q 請問老師，二砂糖可以改成細砂糖嗎？

 A 可以。但是二砂的蔗糖香味比較濃，能讓餅乾吃起來不會只有一個巧克力風味那麼單調，做甜點追求味道要有層次感，每個主角的特色都能突顯出來，譬如二砂配巧克力豆跟椰子絲，三者可以取得很好的平衡點，如果是用砂糖的話，就單純只有一個甜度，雖然巧克力豆跟椰子絲的味道很濃，但是砂糖的味道就只是很甜而已，除了甜味之外就沒香味了，這就是為何使用二砂的原因。

 Q 請問老師，如果不能吃巧克力的話，可以用什麼來取代？

 A 書中另外有示範燕麥跟葡萄乾口味的餅乾，可以試看看。

Q&A 美味餅乾

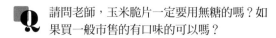

關於美式餅乾

Q 請問老師，玉米脆片一定要用無糖的嗎？如果買一般市售的有口味的可以嗎？

A 可以。玉米脆片可以任意更換成即食性的、沖泡式的片都可以。

Q 請問老師，玉米脆片餅乾為何要特別使用砂糖或二砂？

A 因為玉米脆片的味道應該是單一主角，所以我只需要讓玉米的味道突顯出來就好，因此使用砂糖配二砂。會搭配少許二砂，是因為想讓餅乾吃起來不會只有砂糖那麼單調，但香氣又不會蓋過砂糖，而且跟核桃組合的話，核桃的味道也會比較突顯出來。通常美式餅乾的口味都很接近，都是用糖的種類跟比例來控制口感的脆度。

關於日式煉乳餅乾

Q 請問老師，為何要用煉乳，而非牛奶加砂糖？

A 美式餅乾的特色應該是脆脆的，在做餅乾的時候加煉乳其實會讓餅乾不脆，但卻可以製造出酥鬆感，我們希望讓燕麥片吃起來不要那麼硬，所以加入煉乳，讓餅乾吃起來是有酥度的，另外一個搭配是鹹的起司，因為乳酪是鮮奶做的，而煉乳也是鮮奶做的，兩者加起來奶香味就非常濃郁了。

我希望書中的餅乾都不添加任何香料，完全是靠食材本身帶出香氣。

Q 請問老師，可以不加泡打粉嗎？

A 可以，但是會比較硬。因為美式餅乾不打發，會加泡打粉是為了讓餅乾的體積可以撐起來，比較有蓬鬆感。

關於娜娜牛奶餅乾

Q 請問老師,如果沒有白美娜濃縮鮮乳,可以用什麼替代?

A 這是一款無蛋的素食餅乾,素食者就是要吃這款,所以不可能再把這個食材去掉,如果用鮮奶去替代蒸餾奶水,水分過多反而會造成濕黏感。

用濃縮奶製作才可以讓餅乾有酥酥的感覺,但還是具備一定程度的乳化性質。這個配方是針對全素者而開發的商品,共做了核桃、白巧克力、南瓜籽等口味變化。

關於日式抹茶小西餅

Q 請問老師,如果沒有抹茶粉,可以用什麼替代?

A 可以用煎茶粉、紅茶粉、咖啡粉等替代。

Q 請問老師,為什麼要特地使用奶粉?

A 因為奶粉可以增加餅乾的硬度,奶粉是乾性食材,此款餅乾需要冰過的原因就是希望它能結實一點,但又不像麵粉那麼硬,所以我使用了奶粉。而且奶粉的好處是,如果搭配茶類的東西,奶粉可以讓茶葉的味道變溫和,不會那麼澀,像煎茶、抹茶、紅茶做的餅乾味道會稍微澀一點,加了奶粉就不會有這個缺點了。

關於水果餅乾

Q 請問老師,如果想換成檸檬跟柳橙以外的其他口味可以嗎?例如葡萄、蔓越莓等。

A 會比較困難。因為這是柑橘類的特色,柑橘類是酸性比較強的果汁,烘烤過後風味比較不會流失,而蔓越莓、葡萄汁或者草莓汁等,烤完則是完全沒有蔓越莓、葡萄、草莓的味道,只剩下顏色而已,而且顏色會很奇怪。檸檬、柳橙等柑橘類,烤完之後風味卻依然能保留下來。

關於日式奶油餅乾

Q 請問老師,可以把巧克力融化來製作餅乾嗎?

A 可以。但是做出來就是軟質巧克力餅乾,因為巧克力融化了所以比較不會脆,但一樣是一個餅乾配方。

Q 請問老師,可以把雞蛋或糖粉單獨拿掉嗎?

A 因為要縮短攪拌時間,所以糖粉是必須的。糖粉有很多變化,如果要用砂糖也可以,例如可以用上白糖或各種不同的糖來增加餅乾不同的風味,但通常沒什麼太大用途,因為此配方的巧克力超多的(150g 或 75g),糖卻只有 50g,所以即使改成二砂糖,其實也吃不出味道。

Q 請問老師,純糖粉的量可以減少嗎?

A 減少之後餅乾會變硬,因為糖是柔性材料,在餅乾中是用來支撐結構性的,如果糖太少餅乾會變的支離破碎,口感會變的比較不好。除非是糖的比例大於奶油的配方,你要減糖對整體的結構性落差不大,但只要糖的比例比奶油少很多的話,減糖之後口感會明顯變差。

Q&A 美味餅乾

關於起司餅乾

Q 請問老師，乳酪絲要用哪一種的比較好？

A 切達、高達皆可，只要是鹹味乳酪絲就可以。

Q 請問老師，萬一沒有乳酪絲，可以用什麼替代？

A 不加也可以，只是餅乾會變的比較硬一點。

Q 請問老師，為什麼要加杏仁粉？

A 可以增加風味。因為泡打粉比較少，所以杏仁粉只有 10g。

其實用杏仁粉比較不會出筋，可以散落在麵粉之中，讓麵粉形成的凝結力變差。因為乳酪絲是餅乾完成之後才撒上的，再入爐烘烤，烤完之後上面再放這些香料，光這個造型就能做很多變化了。

Q 請問老師，餅乾的整形手法有擠花、冰切、或用手去整形等，這樣配方的材料比例上會有不同嗎？

A 通常冰箱小西餅（冰切）已經是最硬的了，硬度較高也較適合去做不同造型，冰過之後再去烤；擠花式的通常會比較軟；手工式的則介於中間，可以用手做出圓形、壓模等不同變化。這三者的配方的差異主要在於糖類跟粉類的多寡，糖越多的餅乾在製作的時候是軟的，烤完才會變脆。

老師的餅乾悄悄話

「糖」在餅乾來講,是一個風味性跟凝結性的食材,因為糖融化之後會變成焦糖,可以把餅乾的組織凝結起來,所以糖越少組織會越鬆,糖越多則會越脆,這也是美式餅乾通常都偏脆的原因,因為糖都很多。

日式小西餅或婚禮的小西餅,口感都鬆鬆的,因為糖的比例是比較少的。糖的種類對餅乾口感會有什麼影響?其以砂糖最脆,因為它不容易完全融化;糖粉做出來的最酥,因為糖粉融化性最高。以保存期限長短來說,保存期限比較長的餅乾要用砂糖去做,糖粉做的餅乾因為糖粉本質比較細又容易融化,所以更容易受潮。糖各種不同的差異在於風味性,例如砂糖、上白糖這些 100% 的純糖,它是風味比較弱的;二砂、紅糖、黑糖、素焚糖、和三盆糖這種保留部分蔗糖風味的糖,礦物含量比較高,它就會帶有一些蔗糖原本的香氣;至於本書沒有使用到的冰糖,它是最原始、最單純的糖,冰糖是砂糖融化之後再萃取出來的,所以一般在餅乾製作上,比較不會加冰糖,因為它的味道太單調了。**餅乾其實是需要有蔗糖香氣做輔助的,這樣餅乾的風味才會有層次感。**

至於粉類食材,譬如低筋麵粉或杏仁粉,它們之間有何關聯?有加杏仁粉的任何餅乾都不會是很脆的,應該都是酥酥的,因為杏仁粉一定是跟麵粉混合在一起加進去的。低筋麵粉跟水分材料結合後會產生些許麵筋,雖然比較弱,但是經由杏仁粉組合其中(且杏仁粉有油脂),能讓麵粉的筋性減弱,而產生更酥鬆的口感,因此杏仁粉越多酥鬆感越強烈,同時杏仁粉又有油跟香氣,可以賦予餅乾獨特的口感。杏仁橙香餅乾,它的杏仁粉比例最多,此時杏仁粉已經能作為一個主角的食材了,它是特殊性的香味。但是杏仁粉的比例如果比較少的話,那通常目的只是要讓餅乾變的比較酥而已,但不會脆。

「簡單、好做、好吃」是本書最重要的核心，書中所有的產品都是可以手動製作的，在西點單元中唯一比較累的是達克瓦茲，雖然要用手打發，但還是做得出來。我希望這本書能不使用到機器是最好的。

　　這個配方在製作的時候，可以添加少許橙花水。橙花水就是橙花香精。橙花香精萃取的方式很特別，它是跟花香一樣採取蒸餾法，把很多橙花下去煮，煮完之後揮發上來，只取香精的地方。所以橙花水在使用時一般都要稀釋，否則味道太濃了。

　　在法式甜點裡面，使用橙花水的目的是「增加奶油風味」、「調和水果風味」，所以大部分水果類的商品都可以加橙花。

　　但橙花比較不適合跟堅果搭配，例如橙花配核桃，因為花香跟堅果在對味上沒有對的那麼好。

ⁿᵒ022. 冷藏熟成的瑪德蓮蛋糕

配方

無鹽奶油	130g
雞蛋液	130g
煉乳	10g
檸檬皮	1g
香草濃縮醬	1g
純糖粉	100g
低筋麵粉	120g
泡打粉	4g

作法

1. 鋼盆加入雞蛋液、檸檬皮、過篩純糖粉、煉乳，用打蛋器拌勻。（圖1）

2. 加入香草濃縮醬、融化的無鹽奶油拌勻。（圖2~3）

3. 加入過篩低筋麵粉、過篩泡打粉拌勻。（圖4~5）

4. 取保鮮膜妥善封起，冷藏1個小時熟成。（圖6）

◉ **NOTE** 有熟成的麵糊膨脹性會比較好。

5. 麵糊熟成之後是像這樣子濃稠狀，沒有水氣，表示水分完全被麵糊吸收了。（圖7）

6. 瑪德蓮模具先抹一層薄薄的奶油（配方外），將麵糊裝入擠花袋，擠入瑪德蓮模具。（圖8）

7. 送入預熱好的烤箱，以上下火200℃，烘烤10~12分鐘。

◉ **NOTE** 也可以換另外一種模型烤盤，做造型變化。

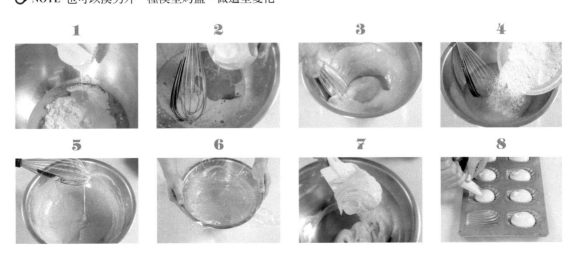

費南雪是很適合沾飲料的，熱飲或冷飲都可以，瑪德蓮也是。很多費南雪會做成像金磚蛋糕一樣，但我的設計是長條形的，要吃的時候再切片，然後沾著無糖的紅茶、咖啡、拿鐵、或者是 XO、Brandy 之類的烈酒來食用，這是在法國的另一種吃法，很多朋友聚會的時候就可以切片分享。

這種切成薄片來食用的方式，在法國、日本很多商店都很流行，但是在日本一片一片買比較貴（因為還有包裝的成本）。其實這樣整條賣，對店家而言比較輕鬆，消費者也會覺得比較划算，而且整條的可以做比較多口味變化，如果是薄薄一片很容易掉料，整條的就不會。

製作費南雪蛋糕，建議買細長條的水果模，在臺灣也容易買到，是這幾年流行的商品。書中會做成長條狀的造型是有原因的，如果做成薄薄的，高溫一烤水分很容易蒸發，可是做成長條狀的，雖然烘烤時間比較長，但是保濕性比較好。做成金磚的話，可能兩三天之內就要吃完，做成整條的話，最大好處是保濕度很足夠，可以放比較久，費南雪蛋糕做好後，其實要放到第二、第三天才是最好吃的，蛋糕的味道會更濃，放常溫保存就可以。

ᴺᴼ 023. 冷藏熟成的費南雪蛋糕

配方

蛋白	125g	低筋麵粉	60g
煉乳	25g	泡打粉	2g
純糖粉	100g	焦化奶油	125g
杏仁粉	70g		

作法

1. 焦化奶油（詳 P. 113）：鋼盆加入 150g 無鹽奶油，中小火慢慢加熱，底部會開始出現焦化現象，變成有上色的奶油，當奶油會逐漸變成褐色就是好了。

2. 關火靜置，等待奶油降溫至 60℃。

⊙ **NOTE**
焦化奶油要用 150g 的奶油來做焦化，損耗後會變 125g。
因為很燙，所以必須等待靜置降溫到 60℃，否則沖入蛋白就會變成蛋花湯了。

3. 冷藏熟成的費南雪蛋糕：鋼盆加入蛋白、純糖粉，用打蛋器拌勻，注意只要拌勻就好，不用打發。（圖 1）

4. 加入煉乳跟焦化奶油，分 4~5 次慢慢加入焦化奶油，邊加邊拌勻。（圖 2~3）

5. 加入過篩低筋麵粉、過篩泡打粉、過篩杏仁粉拌勻。（圖 4~5）

6. 取保鮮膜妥善封起，冷藏 60 分鐘，變成濃稠狀即可。（圖 6）

7. 條形模具抹油撒粉，將冷藏好的麵糊裝入擠花袋中，一層一層的擠入條形模具中，一個模具裝約 220g。（圖 7~8）

8. 送入預熱好的烤箱，以上下火 180℃，烘烤 30 分鐘。（或者上下火 190℃，15~20 分鐘）

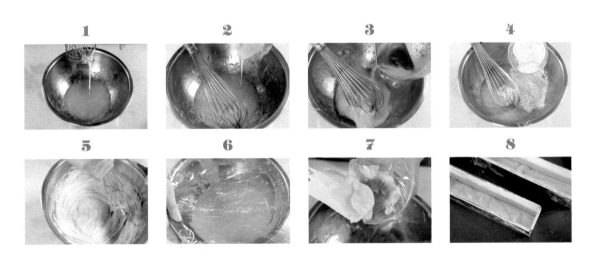

我設計的瑪芬都很簡單，不需要打發，只要拌一拌就好了。裝飾使用法芙娜奇想巧克力，有草莓、百香果、杏仁三種口味，這種商品是首次把水果風味的素材加入到巧克力之中，雖然顏色很鮮豔，但是完全沒有任何色素，都是全天然的，這種不同風味的巧克力，除了美觀之外，搭配香蕉瑪芬也可以是很好的佐襯，風味也不會太突兀。

^{no}024. 優格巧克力香蕉瑪芬

配方

無鹽奶油	70g	泡打粉	4g
細砂糖	70g	優格	100g
雞蛋液	50g	香蕉泥	50g
低筋麵粉	120g	牛奶巧克力	50g

作法

1. 鋼盆加入室溫軟化的無鹽奶油、細砂糖，用刮刀拌勻。（圖1~3）

2. 一次加入全部的雞蛋液拌勻，加入優格拌勻，加入過篩低筋麵粉、過篩泡打粉拌勻。（圖4~8）

3. 加入香蕉泥、牛奶巧克力拌勻，用湯匙分裝進杯子裡面，每杯約60g。（圖9~10）

⊙ **NOTE** 如果香蕉很熟很軟的話，就可以先切片處理，但是如果香蕉比較生硬的話，就必須先做成香蕉泥。

4. 送入預熱好的烤箱，以上下火190℃，烘烤20分鐘。

5. 出爐放涼，放上三種口味的法芙娜奇想巧克力（配方外），篩上防潮糖粉（配方外）。（圖11）

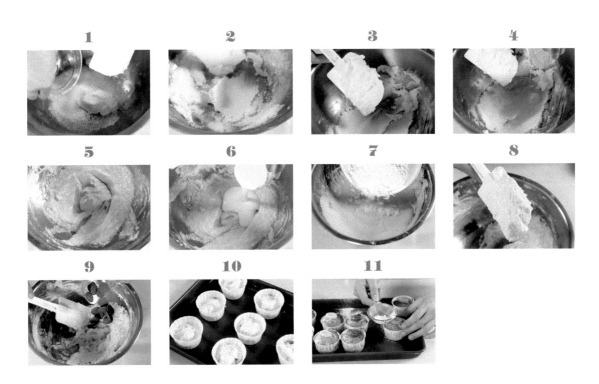

這是一款非常經典的德國蛋糕，設計配方時考量到很多人覺得太甜，所以加了煉乳，其實煉乳的甜度遠比大家想像的低，糖度 100 煉乳只有 70，因為煉乳是用一半的糖跟一半的鮮奶去做的，烤過之後其實真的沒有很甜，比二砂糖、細砂糖的甜度低很多。

在法國喜歡用蜜漬的水果乾；在德國則喜歡加入當季的新鮮水果，例如使用覆盆子、藍莓、蘋果等。用蘋果是最常見的，德國人會挑選酸性比較強的蘋果，因為蛋糕比較甜，青蘋果酸酸甜甜的味道，搭配奶油蛋糕是很棒的組合。德國人有喝香料紅酒的習慣，所以食用鄉村蛋糕的時候，會搭配酒之類的飲品，風味非常好。但用新鮮水果去烤蛋糕，不容易保存，所以該怎麼處理？答案是刷酒糖液跟大量的糖！用這兩種方式去保存蛋糕的新鮮度。**書裡的配方的酒糖液是對應蛋糕要全部刷完的**，不是只刷適量而已，因為經過一天之後，酒糖液會慢慢滲透到蛋糕裡面，但是怕蛋糕乾掉，所以外面會再撒上糖粉把它完全擋住，這樣到了第二天蛋糕切開也不會褐變，新鮮水果也不會變色。

雖然使用了高糖跟酒封的方式，但因為德國天氣比較冷，所以可以常溫保存，如果是在臺灣這種潮濕氣候，還是要放冰箱冷藏比較妥當。

ⁿᵒ025. 德國鄉村蘋果蛋糕

配方

無鹽奶油	100g
細砂糖	85g
煉乳	15g
雞蛋液	100g
低筋麵粉	100g
泡打粉	4g
青蘋果　1 顆（切丁）	

蜂蜜蘭姆酒

蘭姆酒	30g
蜂蜜	15g

⊙ **NOTE** 「蜂蜜蘭姆酒」可以另外加 5g 橙花水，就變成橙花蜂蜜蘭姆酒，若無橙花水，可以不加沒關係，只是沒有橙花的香味而已。橙花水 5g 味道就極濃，所以只能刷在蛋糕表面。

作法

1. 鋼盆加入室溫軟化的無鹽奶油、細砂糖拌勻，分三次加入雞蛋液拌勻，每次都要拌至蛋液充分吸收，才可再加；接著加入煉乳拌勻。（圖 1~2）

⊙ **NOTE** 正統的德國鄉村蛋糕是沒有加煉乳的，加煉乳的目的是為了讓蛋糕的味道變的更溫和。

2. 加入青蘋果丁拌勻，加入過篩低筋麵粉、過篩泡打粉，拌至看不見粉粒、均勻光滑的狀態。（圖 3~4）

3. 模具抹油、撒高筋麵粉，1 條模具裝約 250g，麵糊入模後要稍微敲一下，敲平。

⊙ **NOTE** 6 吋的蛋糕剛好一模。我們這個是小型磅蛋糕的模型，裝 250g 是兩條，若是 6 吋的蛋糕模型就是 500g 一顆。重量會有增減是因為蘋果有大有小，一般是挑中等 size 的蘋果，重量介於 200g~250g 之間。

4. 送入預熱好的烤箱，以上下火 170℃，烘烤 35~40 分鐘。

5. 倒扣之前要刷上混勻的蜂蜜蘭姆酒材料（或者橙花蜂蜜蘭姆酒），接著倒扣脫模，再刷上蜂蜜蘭姆酒，配方量要全部刷完整個蛋糕體，刷到酒完全吸收進去蛋糕裡面，最後趁熱撒上大量純糖粉（配方外）。

⊙ **NOTE** 注意不能用防潮糖粉，一定要純糖粉。

6. 靜置 1 小時等它完全放涼，純糖粉就會吸收進去蛋糕體，接著再撒上一層純糖粉（配方外）。

7. 待隔天再撒上一層純糖粉，就完成了。

⊙ **NOTE** 糖粉總共三層。此款蛋糕在常溫下保存期限很長，可以放 7~10 天，就是因為刷了酒、上了糖的緣故，基本上不太會有發霉的機會，除非你覺得加酒不好，而改加了糖水，或是用了其他材料，效果就會不一樣。

1	2	3	4

布丁的作法是沒有煮焦糖，只要全部材料攪拌均勻就直接進烤箱隔水烘烤，這種布丁吃起來的口感很滑嫩，因為上面加了一層鮮奶油，會有點像奶蓋的感覺，保留了布丁的濕潤度，在食用之前會撒上素焦糖或黑糖粉，來增加奶蓋的濃郁感，奶蓋的配方就是鮮奶油香緹。

NO 026. 滑溜布丁

布丁液

動物性鮮奶油	300g
雞蛋	50g
蛋黃	60g
細砂糖	60g
香草精	1g

鮮奶油香緹

動物性鮮奶油	50g
細砂糖	5g

作法

1. 布丁液：鋼盆加入動物性鮮奶油、雞蛋、蛋黃、細砂糖、香草精拌勻。（圖1）

2. 取篩網過篩，讓布丁液質地更加細緻，將完成的布丁液倒入陶瓷杯中。（圖2）

3. 準備用水浴法隔水烘烤，深烤盤放入陶瓷杯，在烤盤內注入1~1.2公分的水。（圖3）

4. 送入預熱好的烤箱，以上下火150℃，烘烤40~50分鐘。

1
2
3

5. 鮮奶油香緹：鋼盆加入動物性鮮奶油、細砂糖，中速打發，打至4~6分發即可。（圖4~5）

6. 倒在滑溜布丁表面，用湯匙背面攤開。（圖6）

7. 撒上素焚糖（配方外）做裝飾就完成囉！

4
5
6

蔓越莓巧
克力蛋糕

核桃巧克
力蛋糕

美式布朗尼蛋糕

這款蛋糕的變化是在表面裝飾的部分，可以將 80g 核桃抽掉，
換成等比例的蔓越莓，大家也可以試著加入其他喜歡的果乾哦！

書中兩款布朗尼蛋糕，都是用上下火 180℃，烘烤 15~20 分鐘，
核桃巧克力蛋糕跟蔓越莓巧克力蛋糕都會用小紙杯去烤。

Basic.「美式布朗尼蛋糕」基礎配方

無鹽奶油 90g

細砂糖 120g

苦甜巧克力 70g

低筋麵粉 35g

雞蛋液 100g

作法

1. 苦甜巧克力隔水加熱，加熱至融化均勻備用。

2. 鋼盆加入室溫軟化的無鹽奶油、細砂糖、雞蛋液、過篩低筋麵粉、融化的苦甜巧克力，用刮刀拌勻。（圖1~3）

3. 麵糊裝入擠花袋，擠在杯子裡面，一杯約70g，大約擠六七分滿左右。（圖4）

1

2

3

4

ᴺᴼ027. 核桃巧克力蛋糕

配方

| 美式布朗尼蛋糕 | P.97 |
| 核桃 | 80g |

作法

1. 將麵糊擠入杯子，一杯約 70g，大約擠六七分滿左右。（圖1）

2. 表面撒上核桃，間距相等排入烤盤，準備入爐烘烤。（圖2）

⊙ **NOTE** 這款蛋糕的變化是在表面裝飾的部分，可以將 80g 核桃抽掉，換成等比例的蔓越莓，大家也可以試著加入其他喜歡的果乾哦！（圖3）

3. 送入預熱好的烤箱，以上下火 180℃，烘烤 15~20 分鐘。

1

2

3

ɴᴏ028. 蔓越莓巧克力蛋糕

配方

美式布朗尼蛋糕	P.97
蔓越莓乾	80g

作法

1. 將麵糊擠入杯子，一杯約 70g，大約擠六七分滿左右。（圖1）

2. 表面撒上蔓越莓乾，間距相等排入烤盤，準備入爐烘烤。（圖2）

◉ **NOTE** 這款蛋糕的變化是在表面裝飾的部分，可以將80g蔓越莓乾抽掉，換成等比例的核桃，大家也可以試著加入其他喜歡的果乾哦！（圖3）

3. 送入預熱好的烤箱，以上下火180℃，烘烤15~20分鐘。

1

2

3

櫻桃鴨口
味瑪芬

乳酪火腿
口味瑪芬

娜娜起司火腿瑪芬

　　瑪芬是一個零失敗的甜點,有乳化或沒乳化、有打發跟沒打發,做出來其實都一樣。就算前面沒有拌均勻,最後粉加進去拌勻就好了,是一款成功率超高的美味點心。

低筋麵粉 **120g**

無鹽奶油 **70g**

雞蛋液 **50g**

泡打粉 **4g**

白美娜濃縮鮮乳 **50g**

純糖粉 **70g**

作法

1. 鋼盆加入室溫軟化的無鹽奶油、過篩純糖粉，用刮刀拌勻。（圖1~2）

2. 加入雞蛋液、白美娜濃縮鮮乳拌勻。（圖3~5）

3. 加入過篩低筋麵粉、過篩泡打粉，拌至無粉粒，呈融合均勻的麵糊狀。（圖6）

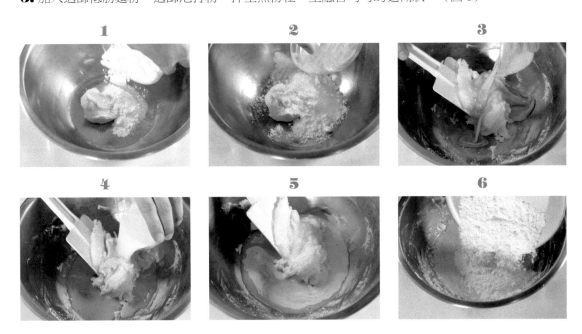

乳酪火腿口味瑪芬

配方

娜娜起司火腿瑪芬	P.103
乳酪丁	50g
火腿丁	50g
乾燥迷迭香	適量

作法

1. 確認拌至無粉粒，準備做口味變化。

2. 加入乳酪丁、火腿丁拌勻。（圖 1）

3. 裝入杯子中，因為此款瑪芬是鹹的，所以裝的量會多一點，一杯裝約 90g。

4. 撒上適量乾燥迷迭香，間距相等排入烤盤，準備入爐烘烤。（圖 2）

5. 送入預熱好的烤箱，以上下火 190℃，烘烤 20 分鐘。

1

2

™030. 櫻桃鴨口味瑪芬

配方

娜娜起司火腿瑪芬	P.103
乳酪丁	50g
櫻桃鴨片	50g
乳酪絲	5g

作法

1. 確認拌至無粉粒，準備做口味變化。

2. 加入乳酪丁、櫻桃鴨片拌勻。（圖1）

3. 裝入杯子中，因為此款瑪芬是鹹的，所以裝的量會多一點，一杯裝約90g。

4. 撒上適量乳酪絲，間距相等排入烤盤，準備入爐烘烤。（圖2）

5. 送入預熱好的烤箱，以上下火190℃，烘烤20分鐘。

 1

 2

達克瓦茲

　　這個配方是手工打發蛋白，打到半乾性發泡（有尖嘴、微彎，且濕潤的狀態）之後，再與過篩好的所有粉類材料拌勻，然後擠入達克瓦茲專屬圓形模，抹平後，再入爐烘烤。

　　這次用焦糖煉乳基底的奶油霜搭配所有現成配料，像是市售的紅豆餡、紅豆粒，因為焦糖味道很強，吃起來不會被這些配料蓋過去。

Basic.「達克瓦茲」基礎配方

配方

蛋白	130g
細砂糖	30g
杏仁粉	100g
純糖粉（A）	100g
低筋麵粉	10g
純糖粉（B）	適量

作法

1. 鋼盆加入蛋白，快速打至起泡之後，分三次加入細砂糖打發，打到半乾性發泡，呈有尖嘴、微彎且濕潤的狀態。（圖 1~4）

2. 袋子放入杏仁粉、純糖粉（A）、低筋麵粉，搖晃混合均勻，加入鋼盆內拌勻。（圖 5~7）

3. 烤盤鋪上不沾布，放上達克瓦茲專屬圓形模，將麵糊裝入擠花袋，擠入模型中。（圖 8）

4. 用刮板（或抹刀）把多餘的麵糊刮除抹平，篩上純糖粉（B）。（圖 9~12）

5. 送入預熱好的烤箱，以上下火 180℃，烘烤 20 分鐘。

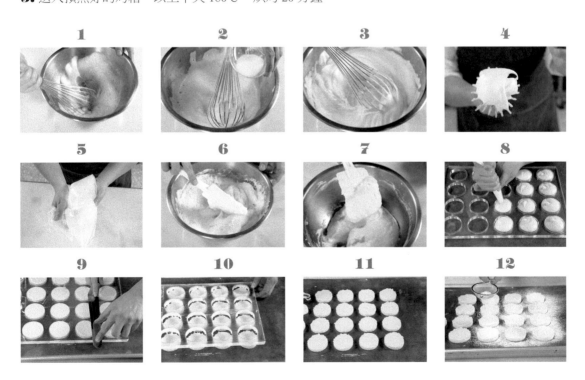

◎基底抹醬：焦糖煉乳奶油

配方

焦糖醬 ★	80g
無鹽奶油	100g
煉乳	20g

作法

1. 鋼盆加入室溫軟化的無鹽奶油、煉乳、焦糖醬。

2. 用打蛋器一同攪拌拌勻，拌至呈光亮且均勻的狀態。

◉ **NOTE** 焦糖醬（★參考下方製作）一定要等到全涼，恢復室溫不能熱，才能與奶油拌勻。

1 　　**2** 　　**3**

★「焦糖醬」製作

配方

細砂糖	30g
三溫糖	30g
動物性鮮奶油	60g

作法

1. 雪平鍋加入細砂糖、三溫糖，中火加熱煮至變色，呈焦糖稠狀。（圖 a~b）

2. 小心加入動物性鮮奶油拌勻，因為沸騰關係會產生水蒸氣。（圖 c）

3. 拌勻後靜置放涼。（圖 d）

a 　**b** 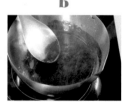　**c** 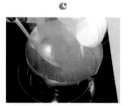　**d**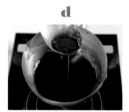

◎達克瓦茲的口味變化

基本材料

達克瓦茲　　　　P.109
焦糖煉乳奶油　　P.110

口味變化餡料

橘皮丁
酒釀桂圓
乾式乳酪
紅豆餡　　　　　適量
芋頭餡
地瓜餡
蜜紅豆粒

作法

1. 焦糖煉乳奶油裝入擠花袋，擠上放涼的達克瓦茲。（圖1）

2. 鋪上口味變化餡料，可以用橘皮丁、酒釀桂圓、乾式乳酪、紅豆餡、芋頭餡、地瓜餡、蜜紅豆粒等，還有更多不同的變化，使用喜歡的餡料即可。（圖2~4）

3. 把兩片達克瓦茲夾住闔起，就完成囉！（圖5~6）

餡料一覽表

no **031.**
橘皮丁＋焦糖煉乳奶油

no **032.**
酒釀桂圓＋焦糖煉乳奶油

no **033.**
乾式乳酪＋焦糖煉乳奶油

no **034.**
紅豆餡＋焦糖煉乳奶油

no **035.**
芋頭餡＋焦糖煉乳奶油

no **036.**
地瓜餡＋焦糖煉乳奶油

no **037.**
蜜紅豆粒＋焦糖煉乳奶油

⊙ NOTE

❶ 達克瓦茲焦糖奶油搭配乾式乳酪艾曼塔起司（Emmental）這還蠻有趣的，它其實也算是餐前菜。艾曼塔乳酪在國外又稱「老鼠乳酪」，就是內部有乳酪眼，不論生吃、配紅酒、或者高溫加熱之後都很好吃，像是起司鍋也是用這種乳酪。艾曼塔乳酪（Emmental）鹹度不會像切達（Cheddar）或帕瑪森（Parmesan）那麼鹹，牽絲感也不會像馬茲瑞拉（Mozzarella）可以拉到那麼長。

❷ 焦糖鵝肝配達克瓦茲其實也非常美味，是法式餐廳的餐前菜。一份小鵝肝、魚子醬、菜，放在達克瓦茲上面，再搭配餐前白酒，十分開胃，只是目前臺灣還沒有這種吃法。

❸ 桂圓乾是臺灣特色的水果乾，泡軟後，在使用前稍微剪成小塊狀，搭配焦糖，風味非常好。桂圓乾建議用蘭姆酒浸泡，因為蘭姆酒比較能突顯食材風味。

Q 請問老師,為什麼瑪德蓮需要熟成 60 分鐘呢?

A 因為我的配方是設計加檸檬皮來增加風味,做出來的口感會比一般的瑪德蓮更加濕潤,有經過熟成,麵粉跟奶油和蛋的融合度會更好。

Q 請問老師,瑪德蓮「有熟成」跟「沒有熟成」相較之下會有什麼差異呢?

A 通常有熟成的瑪德蓮蛋糕它的膨脹體積會比較大、組織也會比較鬆軟。基本上這個配方就是材料全部加在一起拌一拌而已,特地設計這種配方就是不要讓讀者覺得學甜點會很困難,所以我們設計了材料全部加進去,攪拌均勻就會成功的配方。

Q 請問老師,瑪德蓮的模具有矽膠材質的、鐵製的,烤出來會有差異嗎?

A 當然會!因為鐵的導熱性是最快的,所以上色會最均勻。矽膠因為導熱比較慢,所以偶爾會有上色不均的狀況。

Q 請問老師,費南雪材料的「焦化奶油」是什麼?

A 「焦化奶油」是奶油經加熱焦化後產生梅納反應,產生類似「核桃榛果」的風味,因而又稱「榛果奶油」。

焦化奶油的渣渣,有些師傅會去除,但我個人習慣是會加進去,因為我通常不會煮到燒焦,只會煮到如圖 A 狀態。

如果看到焦化奶油的剩餘產物是黑色的,請過篩掉,因為那已經燒焦,煮黑表示油已經變質了。但如果是呈咖啡色或金黃色的狀態,其實是最好吃的狀態,奶油完全不會苦,像花生粉、榛果粉的味道。有些店家做出來的此款商品落差會這麼大,正是因為焦化奶油做的不好。世界盃很多選手都說,這個商品很多師傅都會做錯,因為他們都認為焦化奶油下面這個黑黑的是正確的,其實完全是錯誤的觀念。黑色就是燒焦,焦化奶油的用意是變成榛果風味,所以下面的乳脂肪沉澱,應該是具備榛果風味的乳脂肪,而非燒焦。

圖 A   ▲ 底部的咖啡色沉澱物就是美味的秘密

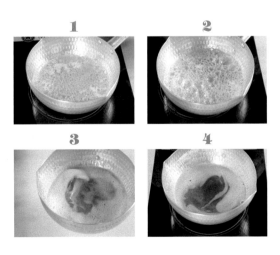

本書收錄的麵包都是很基礎、皆以直接法製作的麵包。用最單純的方式呈現出小麥、奶油、橄欖油、起司的原始風味，這才是一般手作麵包的重點，強調素材風味。

攪拌時，注意酵母與鹽、糖需分區放置。
只有魯茲迪克使用低糖酵母粉，其他都是使用即發酵母粉。
本書使用的酵母都是粉狀的，不需水解，是可以直接加入攪拌的酵母。
本書所使用的手粉皆為高筋麵粉。冰水水溫約 6~8℃ 左右。
本書的基本發酵、中間發酵、最後發酵、翻麵，都是送入發酵箱操作。

在「美味麵包物語」這個單元中，一共分享五個基礎配方給大家。分別有 ❶ 法國的「魯茲迪克」、❷ 德國的「德式餐桌麵包」、❸ 北歐的「脆皮全麥麵包」、❹ 義大利的「橄欖油麵包」，以及風靡臺灣的 ❺「日式餐包」。用書中示範的五種基本麵團，就能變化出各式各樣的麵包，這五款也是目前世界各地歐式麵包店最常出現的五款主食麵包。

麵包雖然專業，但也要好操作、門檻低、風味好

本次設計的五款麵包都是風味很好，而且可以簡易操作的。材料準備也不會困難，只要麵粉、水、鹽、酵母，買一個好的橄欖油跟奶油，就可以來做這些麵包了。想做變化？只要加一點點芝麻、亞麻籽即可。前面的美味餅乾系列也是如此，基本的原物料沒有差太多，用雞蛋、不同種類的糖組合起來就好了；雖然書中有介紹很多糖，但是沒有用到太多複雜的糖，因為那些糖有的是用來做糖片的，很多人喜歡吃麵包餅乾，把麵包切薄薄的，抹奶油、撒上不同的糖烘乾，就可以吃出各種不同的味道。

本書強調，就算家裡沒有機器設備，手工也可以做

歐式麵包其實手揉都可以揉得出來，不要覺得要做就要買很貴的機器，或很難買的原物料才能做麵包。「美味的食物≠繁瑣的工具設備」，主要我不希望有「落差感」，讓大家覺得書的內容，都跟實際製作有很大的距離感，但其實做麵包是很簡單的，只要掌握一些訣竅，家裡有一臺烤箱就可以烘焙，「簡單、美味、貼近生活的食物」是本書的終極目標。

魯茲迪克麵包

　　魯茲迪克（Rustic）意思是指鄉村的、傳統的麵包，因為是傳統麵包，所以我們會盡可能保留麵包原始的風味。雖然在麵包中加了亞麻籽、核桃或生黑芝麻，但這些都只是提味而已，不會蓋過麵包本身的風味。現在大家看到的法國麵包是長條狀的，大約是西元十八、十九世紀才出現的，以前都只是一個圓圓的、方方的麵包而已，那就是傳統的魯茲迪克。

　　在法國一些鄉村地區，可能也會用一些當地種植的香料，例如葛縷子、小茴香來加入魯茲迪克裡面，變成香料麵包來佐餐。香料在歐洲算是很常見的東西，一般做主食類的麵包，大多會做比較基礎的口味。

　　魯茲迪克的製作時間比較長，所以更能引出小麥最原始的味道，我們希望讓讀者感受只有「麵粉、水、鹽、酵母」四個基礎材料，可以做出什麼樣的美味麵包？但坦白講，這個配方作法對新手來說成功率非常低，為什麼說成功率很低？因為它要翻麵四次，透過翻麵去強化它的麵筋（翻麵就是麵團會有折疊的動作，使麵團重新產生麵筋結構），建議大家如果是第一次做，可以先跳過魯茲迪克，但如果你對麵包有熱情，想嘗試真正傳統、充滿原始粗曠感的麵包，這個配方非常建議大家挑戰！這就是千百年前，先輩嚐過的麥香。

這就是千百年前，先輩嚐過的麥香

ᴺᴼ038. 原味魯茲迪克

法國麵包粉 **500g**

冰水 **390g**

低糖酵母粉 **2g**

海鹽 **10g**

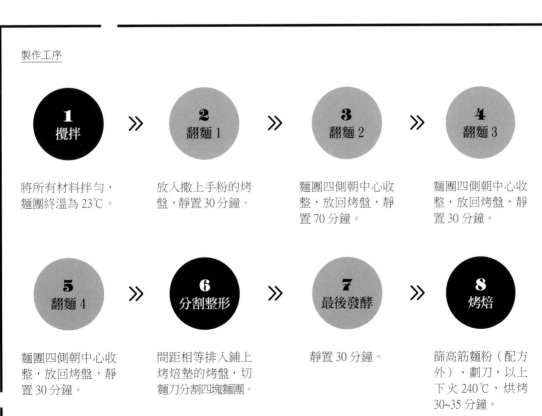

製作工序

1 攪拌 ≫ **2 翻麵 1** ≫ **3 翻麵 2** ≫ **4 翻麵 3**

5 翻麵 4 ≫ **6 分割整形** ≫ **7 最後發酵** ≫ **8 烤焙**

將所有材料拌勻，麵團終溫為 23℃。

放入撒上手粉的烤盤，靜置 30 分鐘。

麵團四側朝中心收整，放回烤盤，靜置 70 分鐘。

麵團四側朝中心收整，放回烤盤，靜置 30 分鐘。

麵團四側朝中心收整，放回烤盤，靜置 30 分鐘。

間距相等排入鋪上烤焙墊的烤盤，切麵刀分割四塊麵團。

靜置 30 分鐘。

篩高筋麵粉（配方外）、劃刀，以上下火 240℃，烘烤 30~35 分鐘。

作法

1 攪拌 >>

鋼盆加入法國麵包粉、海鹽、低糖酵母粉，鹽與酵母要分區放置。

2

用手指將乾性材料稍微混勻。

3

加入冰水，邊加邊混勻，冰水水溫約6~8℃。

4

繼續將所有材料抓勻、混勻，材料會黏手是正常現象。

5

混勻成這個狀態，這個狀態代表麵筋還很薄弱、尚未形成。

6 翻麵1 >>

麵團移至撒上手粉的烤盤，雙手從中心托起、放下，將麵團整理成團狀。

7

靜置30分鐘。（註：圖為發酵後）

8 翻麵2 >>

桌面撒適量手粉，將麵團刮上桌面。

9

取一側麵團翻至中心。

10

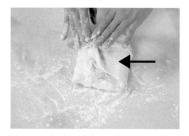

取另一側麵團翻至中心。

11

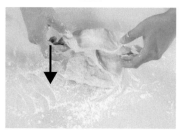

將麵團翻至中心。

12

繼續將麵團翻至中心。

13

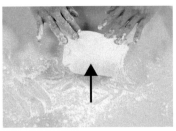

完成翻麵動作。

14

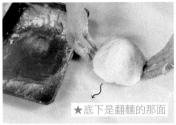

★底下是翻麵的那面

調整位置，把做翻麵動作的那一面調換到下方，放回撒上手粉的烤盤。

15

靜置70分鐘。（註：圖為發酵後）

16

完成後可看到筋性形成，麵團不再呈凹凸不平的狀態。

17 翻麵 3 >>

桌面撒適量手粉，將麵團刮上桌面。

18

用一樣的手法將麵團四側收整到中心。

19

放回撒上手粉的烤盤，靜置30分鐘。（註：圖為發酵前）

20 翻麵 4 >>

桌面撒適量手粉，將麵團刮上桌面。

21

用一樣的手法進行第四次翻麵，靜置30分鐘。

22 分割整形

間距相等排入鋪上烤焙墊的烤盤，切麵刀分割四塊麵團。

23 最後發酵

靜置30分鐘。

24 烤焙

篩適量高筋麵粉（配方外），劃一刀，送入預熱好的烤箱，以上下火240℃，烘烤30~35分鐘。

法國麵包粉
500g

冰水
390g

海鹽
10g

亞麻籽
35g

低糖酵母粉
2g

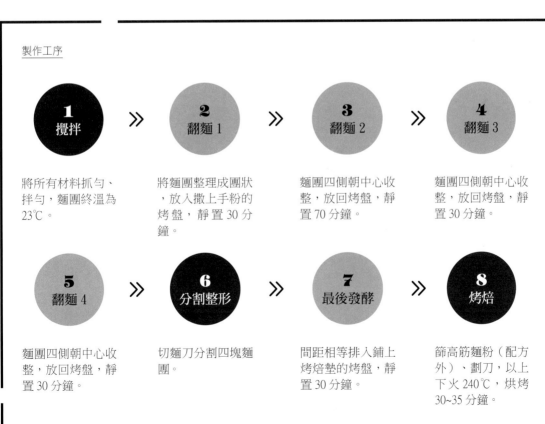

製作工序

1
攪拌

將所有材料抓勻、拌勻，麵團終溫為23℃。

2
翻麵1

將麵團整理成團狀，放入撒上手粉的烤盤，靜置30分鐘。

3
翻麵2

麵團四側朝中心收整，放回烤盤，靜置70分鐘。

4
翻麵3

麵團四側朝中心收整，放回烤盤，靜置30分鐘。

5
翻麵4

麵團四側朝中心收整，放回烤盤，靜置30分鐘。

6
分割整形

切麵刀分割四塊麵團。

7
最後發酵

間距相等排入鋪上烤焙墊的烤盤，靜置30分鐘。

8
烤焙

篩高筋麵粉（配方外）、劃刀，以上下火240℃，烘烤30~35分鐘。

作法

1 攪拌 >>

鋼盆加入法國麵包粉、海鹽、低糖酵母粉、亞麻籽，鹽與酵母要分區放置。

2

用手指將鋼盆內的材料稍微混勻。

3

加入冰水，邊加邊混勻，冰水水溫約 6~8℃。

4

繼續將所有材料抓勻、混勻，材料會黏手是正常現象。

5

混勻成這個狀態，這個狀態代表麵筋還很薄弱、尚未形成。

6 翻麵 1 >>

麵團移至撒上手粉的烤盤，雙手從中心托起、放下，將麵團整理成團狀。

7

靜置30分鐘。（註：圖為發酵後）

8 翻麵 2 >>

桌面撒適量手粉，將麵團刮上桌面。

9

取一側麵團翻至中心。

10

取另一側麵團翻至中心。

11

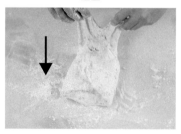

將麵團翻至中心。

12

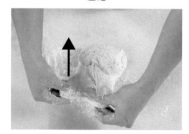

繼續將麵團翻至中心。

13

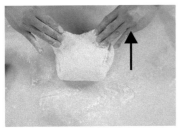

完成翻麵動作。

14

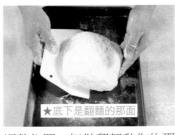

★底下是翻麵的那面

調整位置,把做翻麵動作的那一面調換到下方,放回撒上手粉的烤盤。

15

靜置70分鐘。(註:圖為發酵後)

16

完成後可看到筋性形成,麵團不再呈凹凸不平的狀態。

17 翻麵 3 >>

桌面撒適量手粉,將麵團刮上桌面。

18

用一樣的手法將麵團四側收整到中心,放回撒上手粉的烤盤。(註:圖為發酵前)

19

靜置30分鐘。(註:圖為發酵後)

20 翻麵 4 >>

桌面撒適量手粉,將麵團刮上桌面。

21

用一樣的手法進行第四次翻麵,靜置30分鐘。

22 分割整形

切麵刀分割四塊麵團。

23 最後發酵

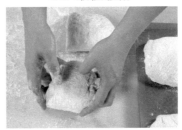

間距相等排入鋪上烤焙墊的烤盤,靜置30分鐘。

24 烤焙

篩適量高筋麵粉(配方外),劃一刀,送入預熱好的烤箱,以上下火240℃,烘烤30~35分鐘。

ⁿᵒ 040. 核桃魯茲迪克

法國麵包粉 500g
冰水 390g
低糖酵母粉 2g
生核桃 100g
海鹽 10g

製作工序

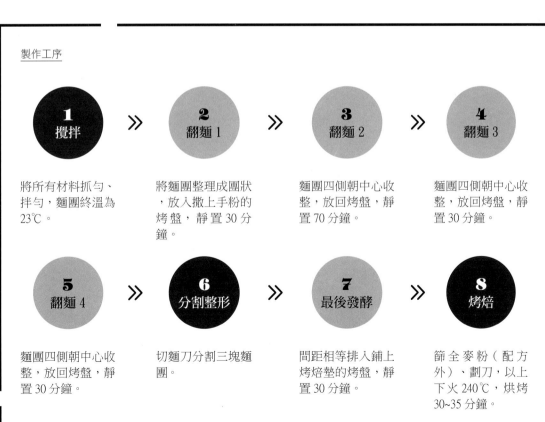

1 攪拌
將所有材料抓勻、拌勻，麵團終溫為23℃。

2 翻麵1
將麵團整理成團狀，放入撒上手粉的烤盤，靜置30分鐘。

3 翻麵2
麵團四側朝中心收整，放回烤盤，靜置70分鐘。

4 翻麵3
麵團四側朝中心收整，放回烤盤，靜置30分鐘。

5 翻麵4
麵團四側朝中心收整，放回烤盤，靜置30分鐘。

6 分割整形
切麵刀分割三塊麵團。

7 最後發酵
間距相等排入鋪上烤焙墊的烤盤，靜置30分鐘。

8 烤焙
篩全麥粉（配方外）、劃刀，以上下火240℃，烘烤30~35分鐘。

作法

1 攪拌 >>

鋼盆加入法國麵包粉、海鹽、低糖酵母粉、生核桃，鹽與酵母要分區放置。

2

用手指將鋼盆內的材料稍微混勻。

3

加入冰水，邊加邊混勻，冰水水溫約 6~8℃。

4

繼續將所有材料抓勻、混勻，材料會黏手是正常現象。

5

混勻成這個狀態，這個狀態代表麵筋還很薄弱、尚未形成。

6 翻麵 1 >>

麵團移至撒上手粉的烤盤，雙手從中心托起、放下，將麵團整理成團狀。

7

靜置 30 分鐘。（註：圖為發酵後）

8 翻麵 2 >>

桌面撒適量手粉，將麵團刮上桌面。

9

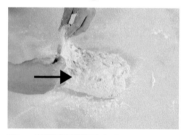

取一側麵團翻至中心。

10

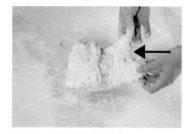

取另一側麵團翻至中心。

11

將麵團翻至中心。

12

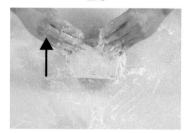

繼續將麵團翻至中心。

13

完成翻麵動作。調整位置，把做翻麵動作的那一面調換到下方。

14

★底下是翻麵的那面

放回撒上手粉的烤盤。

⊙ **NOTE** 因為核桃裡面有鐵質，在發酵過程中會有些許氧化的狀況，所以變淡紫色是正常的。

15

靜置70分鐘。（註：圖為發酵後）

16

完成後可看到筋性形成，麵團不再呈凹凸不平的狀態。

17 翻麵 3 >>

桌面撒適量手粉，將麵團刮上桌面。

18

用一樣的手法將麵團四側收整到中心，放回撒上手粉的烤盤。（註：圖為發酵前）

19

靜置30分鐘。（註：圖為發酵後）

20 翻麵 4 >>

桌面撒適量手粉，將麵團刮上桌面。

21

用一樣的手法進行第四次翻麵，靜置30分鐘。

22 分割整形

切麵刀分割三塊麵團。

23 最後發酵

間距相等排入鋪上烤焙墊的烤盤，靜置30分鐘。

24 烤焙

篩適量全麥粉（配方外），劃一刀，送入預熱好的烤箱，以上下火240℃，烘烤30~35分鐘。

ᵑᵒ041. 黑芝麻魯茲迪克

- 法國麵包粉 **500g**
- 冰水 **390g**
- 低糖酵母粉 **2g**
- 海鹽 **10g**
- 生黑芝麻 **35g**

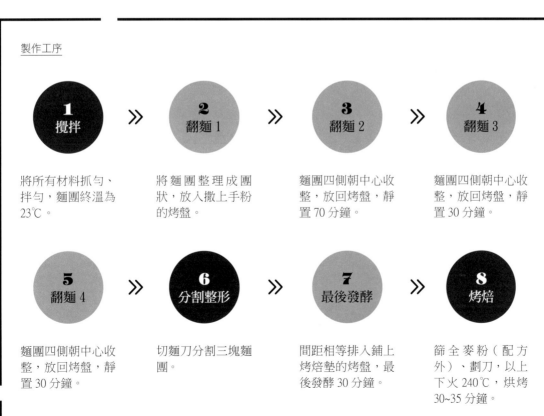

製作工序

1 攪拌
將所有材料抓勻、拌勻，麵團終溫為23℃。

2 翻麵1
將麵團整理成團狀，放入撒上手粉的烤盤。

3 翻麵2
麵團四側朝中心收整，放回烤盤，靜置70分鐘。

4 翻麵3
麵團四側朝中心收整，放回烤盤，靜置30分鐘。

5 翻麵4
麵團四側朝中心收整，放回烤盤，靜置30分鐘。

6 分割整形
切麵刀分割三塊麵團。

7 最後發酵
間距相等排入鋪上烤焙墊的烤盤，最後發酵30分鐘。

8 烤焙
篩全麥粉（配方外）、劃刀，以上下火240℃，烘烤30~35分鐘。

1 攪拌 >>

鋼盆加入法國麵包粉、海鹽、低糖酵母粉、生黑芝麻，鹽與酵母要分區放置。

2

用手指將鋼盆內的材料稍微混勻。

3

加入冰水，邊加邊混勻，冰水水溫約 6~8℃。

4

繼續將所有材料抓勻、混勻，材料會黏手是正常現象。

5

混勻成這個狀態，這個狀態代表麵筋還很薄弱、尚未形成。

6 翻麵 1 >>

麵團移至撒上手粉的烤盤，雙手從中心托起、放下，將麵團整理成團狀。

7

靜置30分鐘。（註：圖為發酵後）

8 翻麵 2 >>

桌面撒適量手粉，將麵團刮上桌面。

9

取一側麵團翻至中心。

10

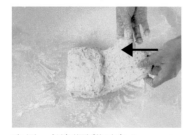

取另一側麵團翻至中心。

11

將麵團翻至中心。

12

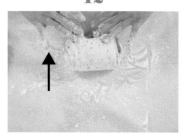

繼續將麵團翻至中心。

13

完成翻麵動作。調整位置，把做翻麵動作的那一面調換到下方。

14

★底下是翻麵的那面

放回撒上手粉的烤盤。

15

靜置70分鐘。（註：圖為發酵後）

16

完成後可看到筋性形成，麵團不再呈凹凸不平的狀態。

17 翻麵 3 >>

桌面撒適量手粉，將麵團刮上桌面。

18

用一樣的手法將麵團四側收整到中心，放回撒上手粉的烤盤。（註：圖為發酵前）

19

靜置30分鐘。（註：圖為發酵後）

20 翻麵 4 >>

桌面撒適量手粉，將麵團刮上桌面。

21

用一樣的手法進行第四次翻麵，靜置30分鐘。

22 分割整形

切麵刀分割三塊麵團。

23 最後發酵

間距相等排入鋪上烤焙墊的烤盤，靜置30分鐘。

24 烤焙

篩適量全麥粉（配方外），劃一刀，送入預熱好的烤箱，以上下火240℃，烘烤30~35分鐘。

德式餐桌麵包

分享標準的「德式餐桌麵包」，這款麵包應該算是德國的主食麵包，書中會用這款德國的主食麵包做出各種不同的簡單造型，會用壓模的方式來呈現造型，上面搭配不同的沾料，比如生白芝麻、生黑芝麻、起司絲等。

書中都沒有使用帆布，因為以前做歐式麵包都會認為一定要買一塊帆布，但我希望盡量連帆布都不要用，讓麵包可以自然成形。

高筋麵粉 **500g**

海鹽 **10g**

即發酵母粉 **5g**

無鹽奶油 **15g**（室溫軟化）

冰水 **330g**

細砂糖 **5g**

奶粉 **10g**

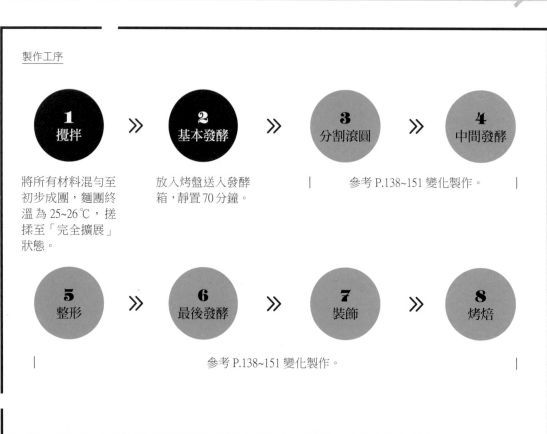

製作工序

1 攪拌 ≫ **2** 基本發酵 ≫ **3** 分割滾圓 ≫ **4** 中間發酵

將所有材料混勻至初步成團，麵團終溫為 25~26℃，搓揉至「完全擴展」狀態。

放入烤盤送入發酵箱，靜置 70 分鐘。

參考 P.138~151 變化製作。

5 整形 ≫ **6** 最後發酵 ≫ **7** 裝飾 ≫ **8** 烤焙

參考 P.138~151 變化製作。

作法

1 攪拌 >>

鋼盆加入高筋麵粉、細砂糖、海鹽、奶粉、即發酵母粉，材料需分區放置。

2

用手指將鋼盆內的材料稍微混勻。

3

加入室溫軟化的無鹽奶油、冰水，冰水水溫約 6~8℃。

4

將所有材料抓勻、混勻，剛開始材料會黏手是正常現象。

5

混勻至初步成團，這個狀態代表麵筋還很薄弱、尚未形成。

6

麵團移至桌面，一手固定麵團，一手將麵團往外壓延。

7

將麵團收回。

8

重複作法 6~7 搓揉的動作，輕扯麵團確認狀態，此狀態代表麵筋還很薄弱。

9

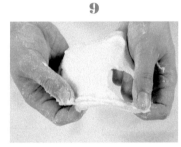

反覆搓揉，慢慢的薄膜破口呈鋸齒狀，此狀態稱為「擴展階段」。

10

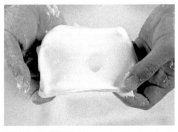

慢慢的薄膜破口會越來越光滑，此狀態稱為「完全擴展」。

11 基本發酵 >>

麵團收整為圓形移至烤盤，放入發酵箱靜置 70 分鐘。（註：圖為發酵前）

12

發酵後將手指沾水，戳入麵團中，指痕不回縮即代表基發完成。（註：圖為發酵後）

no042. 白芝麻餐桌麵包

製作工序

1 攪拌

>>

2 基本發酵

>>

3 分割滾圓

>>

4 中間發酵

| 參考 P.136~137 完成基本發酵的麵團。 |

分割 100g，順時針輕輕滾圓。

間距相等排入烤盤，靜置 20 分鐘。

5 整形

>>

6 最後發酵

>>

7 裝飾

>>

8 烤焙

輕輕拍開、收圓，底部順勢輕捏，噴水沾生白芝麻，壓造型模具。

間距相等排入烤盤，靜置 40 分鐘。

裝飾可依據個人喜好，選擇是否撒上起司絲。

送入預熱好的烤箱，以上下火 210℃，烘烤 18~20 分鐘。

作法

1 分割滾圓

完成基本發酵的麵團，每個分割 100g，虎口扣起麵團，以順時針方向輕輕將麵團滾圓。

2 中間發酵

間距相等放上不沾烤盤，靜置 20 分鐘。

3 整形

輕輕拍開、收圓，底部順勢輕捏，讓它維持輕輕鬆鬆，底部卻是有黏緊的狀態，噴水沾生白芝麻，壓造型模具。

4 最後發酵

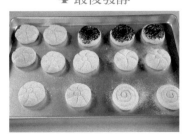

間距相等排入烤盤，送入發酵箱靜置 40 分鐘。

5 裝飾

裝飾可依據個人喜好，選擇是否撒上起司絲。

6 烤焙

送入預熱好的烤箱，以上下火 210℃，烘烤 18~20 分鐘。

no 043. 黑芝麻餐桌麵包

製作工序

1 攪拌 ≫ **2 基本發酵** ≫ **3 分割滾圓** ≫ **4 中間發酵**

| 參考 P.136~137 完成基本發酵的麵團。 |

分割 100g，順時針輕輕滾圓。

間距相等排入不沾烤盤，送入發酵箱靜置 20 分鐘。

5 整形 ≫ **6 最後發酵** ≫ **7 裝飾** ≫ **8 烤焙**

輕輕拍開、收圓，底部順勢輕捏，噴水沾生黑芝麻，壓造型模具。

間距相等排入烤盤，送入發酵箱靜置 40 分鐘。

裝飾可依據個人喜好，選擇是否撒上起司絲。

送入預熱好的烤箱，以上下火 210℃，烘烤 18~20 分鐘。

作法

1 分割滾圓

完成基本發酵的麵團，每個分割 100g，虎口扣起麵團，以順時針方向輕輕將麵團滾圓。

2 中間發酵

間距相等排入不沾烤盤，送入發酵箱靜置 20 分鐘。

3 整形

輕輕拍開、收圓，底部順勢輕捏，讓它維持輕輕鬆鬆，底部卻是有黏緊的狀態，噴水沾生黑芝麻，壓造型模具。

4 最後發酵

間距相等排入烤盤，送入發酵箱靜置 40 分鐘。

5 裝飾

裝飾可依據個人喜好，選擇是否撒上起司絲。

6 烤焙

送入預熱好的烤箱，以上下火 210℃，烘烤 18~20 分鐘。

no 046.
高達乳酪絲餐桌麵包

no 044.
帕瑪森起司粉餐桌麵包

no 045.
帕瑪森乳酪絲餐桌麵包

製作工序

1
攪拌

≫

2
基本發酵

≫

3
分割滾圓

≫

4
中間發酵

| 參考 P.136~137 完成基本發酵的麵團。 |　　　　　　　　　　分割 100g，順時針　　　間距相等排入不沾
　　　　　　　　　　　　　　　　　　　　輕輕滾圓。　　　　　烤盤，送入發酵箱
　　　　　　　　　　　　　　　　　　　　　　　　　　　　　靜置 20 分鐘。

5
整形

≫

6
最後發酵

≫

7
裝飾

≫

8
烤焙

拍開，包入 30g 乳　　間距相等排入烤盤，　　裝飾可依據個人喜　　送入預熱好的烤
酪丁收口，噴水，　　送入發酵箱靜置 40　　好，選擇帕瑪森乳　　箱，以上下火 210
選擇是否沾帕瑪森　　分鐘。　　　　　　酪絲或高達乳酪絲。　℃，烘烤 18~20 分
起司粉，壓造型模　　　　　　　　　　　　　　　　　　　　　鐘。
具。

作法

1 分割滾圓

完成基本發酵的麵團，每個分
割 100g，虎口扣起麵團，以順
時針方向輕輕將麵團滾圓。

2 中間發酵

間距相等排入不沾烤盤，送入
發酵箱靜置 20 分鐘。

3 整形

輕輕拍開，包入 30g 乳酪丁收
口，底部順勢輕捏，讓它維持
輕輕鬆鬆，底部卻是有黏緊的
狀態，噴水，選擇是否沾帕瑪
森起司粉，壓造型模具。

4 最後發酵

間距相等排入烤盤，送入發酵
箱靜置 40 分鐘。

（註：圖為有沾起司粉）

5 裝飾

裝飾可依個人喜好，選擇帕瑪
森起司絲（左圖）或高達乳酪
絲（右圖）。

6 烤焙

送入預熱好的烤箱，以上下火
210℃，烘烤 18~20 分鐘。

143

ᴺᵒ047. 全麥餐桌麵包

製作工序

 1 攪拌

 2 基本發酵

| 參考 P.136~137 完成基本發酵的麵團。 |

 **3 分割滾圓**

分割 100g，順時針輕輕滾圓。

 **4 中間發酵**

間距相等排入不沾烤盤，送入發酵箱靜置 20 分鐘。

 5 整形

輕輕拍開、收圓，底部順勢輕捏，表面噴水篩全麥粉。

 **6 最後發酵**

壓造型模具，間距相等排入烤盤，送入發酵箱靜置 40 分鐘。

 7 裝飾

無示範，可依個人喜好選擇是否再次撒粉。

8 烤焙

送入預熱好的烤箱，以上下火 210℃，烘烤 18~20 分鐘。

作法

1

備妥完成基本發酵的麵團。

2 分割滾圓

每個分割 100g，虎口扣起麵團，以順時針方向輕輕將麵團滾圓。

3 中間發酵

間距相等排入不沾烤盤，送入發酵箱靜置 20 分鐘。

4 整形

輕輕拍開、收圓，底部順勢輕捏，讓它維持輕輕鬆鬆，底部卻是有黏緊的狀態，表面噴水，篩上全麥粉。

5 最後發酵

壓造型模具，間距相等排入烤盤，送入發酵箱靜置 40 分鐘。

6 烤焙

送入預熱好的烤箱，以上下火 210℃，烘烤 18~20 分鐘。

no 048. 德國餐桌麵包

製作工序

1 攪拌 ≫ **2 基本發酵** ≫ **3 分割滾圓** ≫ **4 中間發酵**

| 參考 P.136~137 完成基本發酵的麵團。 |

分割 100g，順時針輕輕滾圓。

間距相等排入不沾烤盤，送入發酵箱靜置 20 分鐘。

5 整形 ≫ **6 最後發酵** ≫ **7 裝飾** ≫ **8 烤焙**

輕輕拍開、收圓，底部順勢輕捏，表面噴水篩高筋麵粉。

壓造型模具，間距相等排入烤盤，送入發酵箱靜置 40 分鐘。

無示範，可依個人喜好選擇是否再次撒粉。

送入預熱好的烤箱，以上下火 210℃，烘烤 18~20 分鐘。

作法

1

備妥完成基本發酵的麵團。

2 分割滾圓

每個分割 100g，虎口扣起麵團，以順時針方向輕輕將麵團滾圓。

3 中間發酵

間距相等排入不沾烤盤，送入發酵箱靜置 20 分鐘。

4 整形
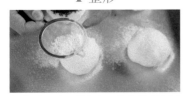
輕輕拍開、收圓，底部順勢輕捏，讓它維持輕輕鬆鬆，底部卻是有黏緊的狀態，表面噴水，篩上高筋麵粉。

5 最後發酵

壓造型模具，間距相等排入烤盤，送入發酵箱靜置 40 分鐘。

6 烤焙

送入預熱好的烤箱，以上下火 210℃，烘烤 18~20 分鐘。

no **049.** 香料海鹽薄餅

製作工序

1 攪拌

| 參考 P.136~137 完成基本發酵的麵團。 |

2 基本發酵

3 分割滾圓

分割 100g，順時針輕輕滾圓。

4 中間發酵

間距相等排入不沾烤盤，送入發酵箱靜置 20 分鐘。

5 整形

擀開，間距相等排入不沾烤盤，撒適量義大利綜合香料、粗粒海鹽。

6 最後發酵

噴水，送入發酵箱靜置 20 分鐘。

7 裝飾

無示範，可依個人喜好選擇是否再加入其他配料。

8 烤焙

送入預熱好的烤箱，以上下火 210℃，烘烤 18~20 分鐘。

作法

1 分割滾圓

備妥完成基本發酵的麵團，每個分割 100g，虎口扣起麵團，以順時針方向輕輕將麵團滾圓。

2 中間發酵

間距相等排入不沾烤盤，送入發酵箱靜置 20 分鐘。

3 整形 ≫

手抹上適量的水，取擀麵棍將麵團擀開。

4

間距相等排入不沾烤盤，撒適量義大利綜合香料、粗粒海鹽。

5 最後發酵

表面噴水，送入發酵箱靜置 20 分鐘。

6 烤焙

送入預熱好的烤箱，以上下火 210℃，烘烤 18~20 分鐘。

ⁿᵒ050. 黑胡椒松露起司薄餅

製作工序

 1 攪拌
| 參考 P.136~137 完成基本發酵的麵團。 |

 2 基本發酵

3 分割滾圓
分割 100g，順時針輕輕滾圓。

4 中間發酵
間距相等排入不沾烤盤，送入發酵箱靜置 20 分鐘。

5 整形
擀開，間距相等排入不沾烤盤，撒適量黑胡椒粉、帕瑪森起司絲、起司粉、松露鹽。

6 最後發酵
噴水，送入發酵箱靜置 20 分鐘。

7 裝飾
無示範，可依個人喜好選擇是否再加入其他配料。

8 烤焙
送入預熱好的烤箱，以上下火 210℃，烘烤 18~20 分鐘。

作法

1 分割滾圓

備妥完成基本發酵的麵團，每個分割 100g，虎口扣起麵團，以順時針方向輕輕將麵團滾圓。

2 中間發酵

間距相等排入不沾烤盤，送入發酵箱靜置 20 分鐘。

3 整形 >>

手抹上適量的水，取擀麵棍將麵團擀開。

4

間距相等排入不沾烤盤，撒適量黑胡椒粉、帕瑪森起司絲、起司粉、松露鹽，注意中間撒起司絲，旁邊撒起司粉。

5 最後發酵

表面噴水，送入發酵箱靜置 20 分鐘。

6 烤焙

送入預熱好的烤箱，以上下火 210℃，烘烤 18~20 分鐘。

脆皮全麥麵包

考量到有些讀者喜歡全麥風味的麵包，所以設計了這個系列。書中會做其他應用變化，譬如乳酪核桃、長棍、大圓球等。分割的重量就三種，分別是100g、200g、350g，350g就是做大圓球。書中會教大家怎麼去割紋路，因為歐式麵包除了健康，還要外觀漂亮，用割的就是最簡單的方式，烤出來的麵包會比較有質感。

Basic.「脆皮全麥麵包」基礎配方

高筋麵粉 **450g**

全麥粉 **50g**

冰水 **340g**

無鹽奶油 **10g** （室溫軟化）

即發酵母粉 **5g**

細砂糖 **5g**

海鹽 **10g**

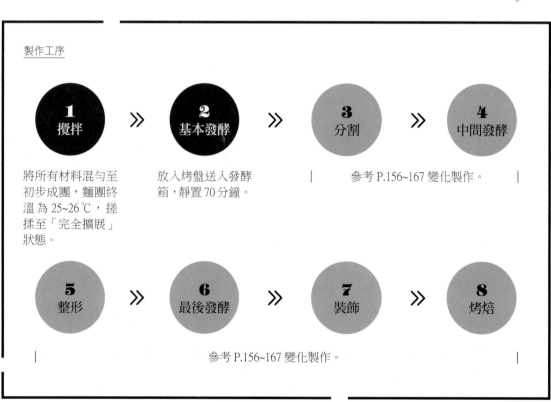

製作工序

1 攪拌 》 **2** 基本發酵 》 **3** 分割 》 **4** 中間發酵

將所有材料混勻至初步成團，麵團終溫為 25~26℃，搓揉至「完全擴展」狀態。

放入烤盤送入發酵箱，靜置 70 分鐘。

參考 P.156~167 變化製作。

5 整形 》 **6** 最後發酵 》 **7** 裝飾 》 **8** 烤焙

參考 P.156~167 變化製作。

154

作法

1 攪拌 >>

鋼盆加入高筋麵粉、全麥粉、細砂糖、海鹽、即發酵母粉，材料需分區放置。

2

用手指將鋼盆內的材料稍微混勻。

3

加入室溫軟化的無鹽奶油、冰水，冰水水溫約 6~8℃。

4

將所有材料抓勻、混勻，剛開始材料會黏手是正常現象。

5

混勻至初步成團，這個狀態代表麵筋還很薄弱、尚未形成。

6

麵團移至桌面，一手固定麵團，一手將麵團往外壓延，再收回。

7

重複固定→單手壓延、收回的動作，反覆搓揉至筋性形成。

8

輕扯麵團確認狀態，此狀態代表麵筋還很薄弱。

9

反覆搓揉，慢慢的薄膜破口呈鋸齒狀，此狀態稱為「擴展階段」。

10

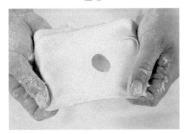

慢慢的薄膜破口會越來越光滑，此狀態稱為「完全擴展」。

11 基本發酵 >>

麵團收整為圓形移至烤盤，放入發酵箱靜置 70 分鐘。
（註：圖為發酵前）

12

發酵後將手指沾水，戳入麵團中，指痕不回縮即代表基發完成。（註：圖為發酵後）

no 051. 長笛乳酪核桃

製作工序

1 攪拌 ≫ **2 基本發酵** ≫ **3 分割** ≫ **4 中間發酵**

| 參考 P.154~155 完成基本發酵的麵團。 |　　分割 100g，收整為長條狀。　　間距相等排入不沾烤盤，送入發酵箱靜置 20 分鐘。

5 整形 ≫ **6 最後發酵** ≫ **7 裝飾** ≫ **8 烤焙**

手沾適量手粉，輕輕拍開麵團，放上生核桃、耐烤乳酪丁。　　一點一點收整為長條形，搓至 50 公分長，間距相等排入烤盤，送入發酵箱靜置 20 分鐘。　　入爐前篩上適量高筋麵粉。　　送入預熱好的烤箱，以上下火 210℃，烘烤 20~25 分鐘。

作法

1 分割

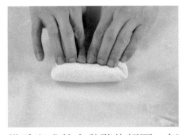

備妥完成基本發酵的麵團，每個分割 100g，收整為長條狀。

2 中間發酵

整理好的形狀如圖，間距相等排入不沾烤盤，送入發酵箱靜置 20 分鐘。

3 整形

手沾適量手粉，輕輕拍開麵團，放上生核桃、耐烤乳酪丁。

4 最後發酵

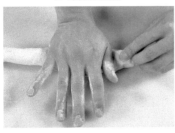

一點一點收整為長條形，搓至50 公分長，間距相等排入烤盤，送入發酵箱靜置 20 分鐘。

5 裝飾

入爐前篩上適量高筋麵粉。

6 烤焙

送入預熱好的烤箱，以上下火210℃，烘烤 20~25 分鐘。

ⁿᵒ052. 橘漬蔓越莓

製作工序

1 攪拌 » **2 基本發酵** » **3 分割** » **4 中間發酵**

| 參考 P.154~155 完成基本發酵的麵團。 |

分割 100g，收整為長條狀。

間距相等排入不沾烤盤，送入發酵箱靜置 20 分鐘。

5 整形 » **6 最後發酵** » **7 裝飾** » **8 烤焙**

手沾適量手粉，輕輕拍開麵團，放上橘皮丁、蔓越莓乾、葡萄乾。

一點一點收整為長條形，搓至 60 公分長，頭尾捲起，間距相等排入烤盤，送入發酵箱靜置 20 分鐘。

入爐前篩上適量高筋麵粉。

送入預熱好的烤箱，以上下火 210℃，烘烤 20~25 分鐘。

作法

1 分割

備妥完成基本發酵的麵團，每個分割 100g，收整為長條狀。

2 中間發酵

整理好的形狀如圖，間距相等排入不沾烤盤，送入發酵箱靜置 20 分鐘。

3 整形

手沾適量手粉，輕輕拍開麵團，放上橘皮丁、蔓越莓乾、葡萄乾。

4 最後發酵

一點一點收整為長條形，搓至 60 公分長，間距相等排入烤盤，送入發酵箱靜置 20 分鐘。

5 裝飾

入爐前篩上適量高筋麵粉。

6 烤焙

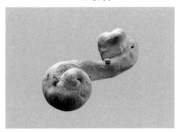

送入預熱好的烤箱，以上下火 210℃，烘烤 20~25 分鐘。

no **054.**
長棍 · 菱格紋

no **053.**
長棍 · 橫線

製作工序

1
攪拌

>>

2
基本發酵

>>

3
分割

>>

4
中間發酵

| 參考 P.154~155 完成基本發酵的麵團。 |

分割 200g，收整為長方形。

間距相等排入不沾烤盤，送入發酵箱靜置 20 分鐘。

5
整形

>>

6
最後發酵

>>

7
裝飾

>>

8
烤焙

兩側麵團朝中心收整，再將麵團由上朝下折疊一次。

搓至 50 公分長，間距相等排入不沾烤盤，送入發酵箱靜置 40 分鐘。

篩上適量全麥粉，輕輕割出紋路。

送入預熱好的烤箱，以上下火 210℃，烘烤 25~30 分鐘。

作法

1 分割、中間發酵

備妥完成基本發酵的麵團，每個分割 200g，收整為長方形，間距相等排入烤盤，送入發酵箱靜置 20 分鐘。

2 整形 >>

手沾適量手粉，輕輕拍開麵團，將兩側麵團朝中心收整，麵團面積會變小。

3

再將麵團由上朝下折疊一次。

4 最後發酵

搓至 50 公分長，間距相等排入不沾烤盤，送入發酵箱靜置 40 分鐘。

5 裝飾

★菱格

★橫線

篩上適量全麥粉，表面輕輕割出紋路。

6 烤焙

送入預熱好的烤箱，以上下火 210℃，烘烤 25~30 分鐘。

no 055. 長棍 · 狗骨頭

製作工序

1 攪拌
丨參考 P.154~155 完成基本發酵的麵團。丨

2 基本發酵

3 分割
分割 200g，收整為長方形。

4 中間發酵
間距相等排入不沾烤盤，送入發酵箱靜置 20 分鐘。

5 整形
整形為長棍，搓至 70 公分長，頭尾捲成狗骨頭狀。

6 最後發酵
間距相等排入不沾烤盤，送入發酵箱靜置 40 分鐘。

7 裝飾
篩上適量全麥粉。

8 烤焙
送入預熱好的烤箱，以上下火 210℃，烘烤 25~30 分鐘。

作法

1 分割、中間發酵

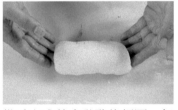

備妥完成基本發酵的麵團，每個分割 200g，收整為長方形，間距相等排入烤盤，送入發酵箱靜置 20 分鐘。

2 整形 >>

參考 P.161 長棍整形手法，將麵團搓至 70 公分長。

3

頭尾捲成狗骨頭狀。

4 最後發酵

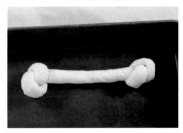

間距相等排入不沾烤盤，送入發酵箱靜置 40 分鐘。

5 裝飾

篩上適量全麥粉。

6 烤焙

送入預熱好的烤箱，以上下火 210℃，烘烤 25~30 分鐘。

ᴺᵒ056. 大圓球與三角

製作工序

1 攪拌 >> **2 基本發酵** >> **3 分割** >> **4 中間發酵**

| 參考 P.154~155 完成基本發酵的麵團。 |

分割 350g，收整為圓團。

間距相等排入不沾烤盤，送入發酵箱靜置 20 分鐘。

5 整形 >> **6 最後發酵** >> **7 裝飾** >> **8 烤焙**

整形成大圓球或三角。

間距相等排入不沾烤盤，送入發酵箱靜置 50~60 分鐘。

篩上適量全麥粉，割線。

送入預熱好的烤箱，以上下火 210℃，烘烤 30~35 分鐘。

作法

1

備妥完成基本發酵的麵團。

2 分割 >>

每個分割 350g。

3

雙手托起麵團。

4

放下，轉向重複托起放下的動作，收整為表面光滑的圓團。

5 中間發酵 >>

間距相等排入烤盤，送入發酵箱靜置 20 分鐘。

6 整形

手沾適量手粉，取出中間發酵後的麵團，參考 P.166~167 進行操作。

7 整形 >>

輕輕拍開麵團。

8

雙手將麵團收整到內部。

9

收口輕輕捏起。

10

收口端維持在底部,麵團在桌面平行滾圓。

11 最後發酵

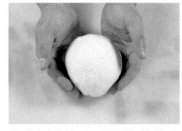

完成如圖所示,間距相等排入不沾烤盤,送入發酵箱靜置50~60分鐘。

12 裝飾

篩上全麥粉。

13 割線技巧 1 >>

先割一個半圓形。

14

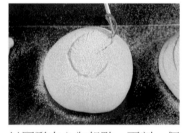

以圓形中心為起點,再割一個半圓形。

15

取一側外圍割一條線。

16

在另一側外圍割一條線。

17 割線技巧 2

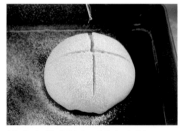

於中心位置割一個十字線。

18 烤焙

割線內滴上橄欖油,送入預熱好的烤箱,以上下火210℃,烘烤30~35分鐘。

7 整形 >>

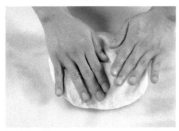

輕輕拍開麵團。

8

雙手覆蓋麵團。

9

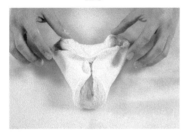

收回，捏出三角雛形。

10

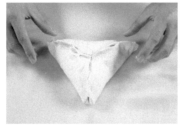

如圖所示。

11 最後發酵

捏緊翻面，間距相等放上不沾烤盤，送入發酵箱靜置 50~60 分鐘。

12 裝飾

篩上全麥粉。

13 割線技巧 1

參考圖片割三條線。

14 割線技巧 2 >>

平行割幾刀，間距可割越來越寬，比較有趣味性。

15

換個方向再平行割幾刀，可以割垂直正方形，也可以割菱形。

16 割線技巧 3 >>

中間先割一刀。

17

兩側再各割兩刀，此為葉片。

18 烤焙

送入預熱好的烤箱，以上下火 210℃，烘烤 30~35 分鐘。

義大利橄欖油麵包

這款其實就是佛卡夏，為什麼不講佛卡夏呢？因為變化性實在太多了，如果只講佛卡夏，等於限制了它的發展性。

義大利橄欖油麵包的變化，大部分會做成為了餐點而訂做的麵包。譬如像長條麵包、佛卡夏的基礎造型、麵包球、白麵包棒、披薩等。披薩會盡量做一些鹹的變化，譬如櫻桃鴨酸菜、火腿培根、黑橄欖起司等。

高筋麵粉
500g

冰水
320g

細砂糖
10g

橄欖油
30g

海鹽
10g

即發酵母粉
5g

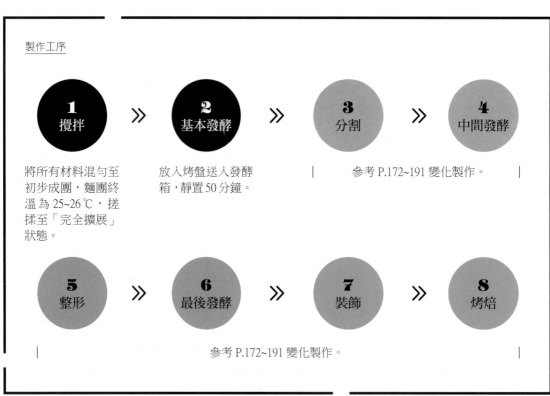

製作工序

1
攪拌

2
基本發酵

3
分割

4
中間發酵

將所有材料混勻至初步成團，麵團終溫為 25~26℃，搓揉至「完全擴展」狀態。

放入烤盤送入發酵箱，靜置 50 分鐘。

參考 P.172~191 變化製作。

5
整形

6
最後發酵

7
裝飾

8
烤焙

參考 P.172~191 變化製作。

作法

1 攪拌 >>

鋼盆加入高筋麵粉、海鹽、即發酵母粉、細砂糖，材料需分區放置。

2

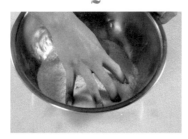

用手指將鋼盆內的材料稍微混勻。

3

加入冰水、橄欖油，冰水水溫約6~8℃。

⊙ NOTE 不能先加油再加水，因為油跟麵包混合之後會無法出筋，變成油酥。

4

將所有材料抓勻、混勻，剛開始材料會黏手是正常現象。

5

混勻至初步成團，這個狀態代表麵筋還很薄弱、尚未形成。

6

麵團移至桌面，一手固定麵團，一手將麵團往外壓延，再收回。

7

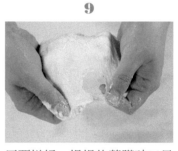

重複固定→單手壓延、收回的動作，反覆搓揉至筋性形成。

8

輕扯麵團確認狀態，此狀態代表麵筋還很薄弱。

9

反覆搓揉，慢慢的薄膜破口呈鋸齒狀，此狀態稱為「擴展階段」。

10

慢慢的薄膜破口會越來越光滑，此狀態稱為「完全擴展」。

11 基本發酵 >>

麵團收整為圓形，移至抹油鋼盆中，放入發酵箱靜置50分鐘。（註：圖為發酵前）

12

發酵後將手指沾水，戳入麵團中，指痕不回縮即代表基發完成。（註：圖為發酵後）

no 057. 培根起司麵包

製作工序

1 攪拌 » **2 基本發酵**

| 參考 P.170~171 完成基本發酵的麵團。 |

3 分割

分割 200g，收整為長方形。

4 中間發酵

間距相等排入烤盤，送入發酵箱靜置15分鐘。

5 整形 » **6 最後發酵** » **7 裝飾** » **8 烤焙**

鋪上兩條培根、適量帕瑪森起司絲、義大利綜合香料，折疊收口，搓長。

搓至50公分長，間距相等排入不沾烤盤，送入發酵箱靜置20分鐘。

用剪刀剪麵團（不完全剪斷），分別朝左右撥開，撒黑胡椒粒。

送入預熱好的烤箱，以上下火210℃，烘烤20~25分鐘。

作法

1 分割、中間發酵

備妥完成基本發酵的麵團，每個分割200g，收整為長方形，間距相等排入烤盤，送入發酵箱靜置15分鐘。

2 整形 >>

輕輕拍開麵團，鋪上兩條培根，撒適量帕瑪森起司絲、義大利綜合香料。

3

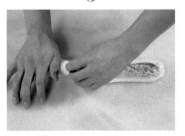

麵團折疊收口，搓長。

4 最後發酵

搓至約50公分長，間距相等排入不沾烤盤，送入發酵箱靜置20分鐘。

5 裝飾

用剪刀剪麵團（不完全剪斷），分別朝左右撥開，撒黑胡椒粒。

6 烤焙

送入預熱好的烤箱，以上下火210℃，烘烤20~25分鐘。

ᴺᴼ058. 櫻桃鴨酸菜麵包

製作工序

1 攪拌

| 參考 P.170~171 完成基本發酵的麵團。 |

≫

2 基本發酵

≫

3 分割

分割 200g，收整為長方形。

≫

4 中間發酵

間距相等排入不沾烤盤，送入發酵箱靜置 15 分鐘。

5 整形

拍開麵團，鋪櫻桃鴨、酸菜、帕瑪森起司絲，折疊成正方形。

≫

6 最後發酵

表面噴水，沾起司粉，間距相等排入不沾烤盤，送入發酵箱靜置 40 分鐘。

≫

7 裝飾

無，可依個人喜好選擇是否再撒一次起司粉。

≫

8 烤焙

送入預熱好的烤箱，以上下火 200℃，烘烤 25 分鐘。

作法

1 分割、中間發酵

備妥完成基本發酵的麵團，每個分割 200g，收整為長方形，間距相等排入烤盤，送入發酵箱靜置 15 分鐘。

2 整形 ≫

輕輕拍開麵團，鋪上櫻桃鴨、酸菜、帕瑪森起司絲。

3

將麵團折疊成正方形。

4 最後發酵

表面噴水，沾起司粉，間距相等排入不沾烤盤，送入發酵箱靜置 40 分鐘。

5 裝飾

無，可依個人喜好選擇是否再撒一次起司粉。

6 烤焙

送入預熱好的烤箱，以上下火 200℃，烘烤 25 分鐘。

ₙₒ059. 黑橄欖起司麵包

製作工序

1 攪拌

| 參考 P.170~171 完成基本發酵的麵團。 |

2 基本發酵

3 分割

分割 200g，收整為長方形。

4 中間發酵

間距相等排入不沾烤盤，送入發酵箱靜置 15 分鐘。

5 整形

拍開麵團，包入黑橄欖、耐烤乳酪丁、帕瑪森起司絲，搓成頭尾比較細的長條狀。

6 最後發酵

表面噴水，沾起司絲，間距相等排入不沾烤盤，送入發酵箱靜置 40 分鐘。

7 裝飾

無，可依個人喜好選擇是否再撒一次起司絲。

8 烤焙

送入預熱好的烤箱，以上下火 200℃，烘烤 25 分鐘。

作法

1 分割、中間發酵

備妥完成基本發酵的麵團，每個分割 200g，收整為長方形，間距相等排入烤盤，送入發酵箱靜置 15 分鐘。

2 整形 >>

輕輕拍開麵團，鋪上黑橄欖、耐烤乳酪丁、帕瑪森起司絲。

3

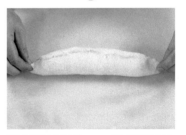

將麵團折起收口，搓成頭尾比較細的長條狀。

4 最後發酵

表面噴水，沾起司絲，間距相等排入不沾烤盤，送入發酵箱靜置 40 分鐘。

5 裝飾

無，可依個人喜好選擇是否再撒一次起司絲。

6 烤焙

送入預熱好的烤箱，以上下火 200℃，烘烤 25 分鐘。

ᴺᴼ060. 白麵包棒

製作工序

 1 攪拌
| 參考 P.170~171 完成基本發酵的麵團。|

 2 基本發酵

3 分割
分割 200g，收整為長方形。

 4 中間發酵
間距相等排入不沾烤盤，送入發酵箱靜置 15 分鐘。

5 整形
輕輕拍開麵團，將麵團折起收口，搓約 40 公分長，搓成頭尾比較細的長條狀。

6 最後發酵
間距相等排入不沾烤盤，刷上橄欖油，送入發酵箱靜置 30 分鐘。

7 裝飾
無，可依個人喜好選擇是否割幾刀。

8 烤焙
再刷一層橄欖油，送入預熱好的烤箱，以上下火 180℃，烘烤 20~25 分鐘。

作法

1 分割、中間發酵

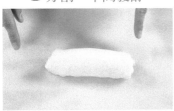

備妥完成基本發酵的麵團，每個分割 200g，收整為長方形，間距相等排入烤盤，送入發酵箱靜置 15 分鐘。

2 整形 >>

輕輕拍開麵團。

3

將麵團折起收口。

4

搓約 40 公分長，搓成頭尾比較細的長條狀。

5 最後發酵、裝飾

間距相等排入不沾烤盤，刷上橄欖油，送入發酵箱靜置 30 分鐘。無裝飾，可依個人喜好選擇是否割幾刀。

6 烤焙

再刷一層橄欖油，送入預熱好的烤箱，以上下火 180℃，烘烤 20~25 分鐘。

ₙₒ061. 葉形迷迭香海鹽佛卡夏

製作工序

1 攪拌 ≫ **2 基本發酵** ≫ **3 分割** ≫ **4 中間發酵**

| 參考 P.170~171 完成基本發酵的麵團。 |

分割 100g，滾圓。

間距相等排入不沾烤盤，送入發酵箱靜置 15 分鐘。

5 整形 ≫ **6 最後發酵** ≫ **7 裝飾** ≫ **8 烤焙**

輕輕拍開麵團，以擀麵棍擀開，切麵刀切出葉片脈絡，排入不沾烤盤，刷**橄欖油**。

不後發。

撒粗粒海鹽、乾燥迷迭香。

送入預熱好的烤箱，以上下火 210℃，烘烤 18~20 分鐘。

作法

1 分割、中間發酵

備妥完成基本發酵的麵團，每個分割 100g，滾圓，間距相等排入烤盤，送入發酵箱靜置 15 分鐘。

2 整形 ≫

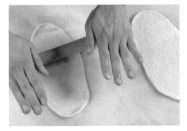

輕輕拍開麵團，以擀麵棍擀開。

3

切麵刀在中心切一刀。

4

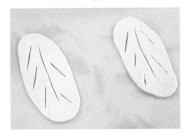

再於兩側切出葉片脈絡。

5

間距相等排入不沾烤盤，撥開麵團間隙，刷上橄欖油。

6 裝飾、烤焙

撒粗粒海鹽、乾燥迷迭香，送入預熱好的烤箱，以上下火 210℃，烘烤 18~20 分鐘。

no 062. 手擀迷迭香海鹽佛卡夏

製作工序

1 攪拌 ≫ **2 基本發酵** ≫ **3 分割** ≫ **4 中間發酵**

| 參考 P.170~171 完成基本發酵的麵團。 |

分割 100g，滾圓，以擀麵棍擀開。

間距相等排入不沾烤盤，送入發酵箱靜置 15 分鐘。

5 整形 ≫ **6 最後發酵** ≫ **7 裝飾** ≫ **8 烤焙**

刷橄欖油，撒上乾燥迷迭香。

送入發酵箱靜置 30 分鐘。

手指戳 9 個洞。

送入預熱好的烤箱，以上下火 210℃，烘烤 18~20 分鐘。

作法

1 分割

備妥完成基本發酵的麵團，每個分割 100g，滾圓，以擀麵棍擀開。

2 中間發酵

間距相等排入烤盤，送入發酵箱靜置 15 分鐘。

3 整形

刷橄欖油，撒上乾燥迷迭香。

4 最後發酵

送入發酵箱靜置 30 分鐘。

5 裝飾、烤焙

手指戳 9 個洞，送入預熱好的烤箱，以上下火 210℃，烘烤 18~20 分鐘。

⊙ **NOTE** 最後壓下去如果會回彈，代表佛卡夏後發不足；如果壓下去很多泡泡冒起來，代表擀麵棍沒有擀好。

ᴺᴼ063. 手工黑橄欖佛卡夏

製作工序

1 攪拌

≫

2 基本發酵

≫

3 分割

≫

4 中間發酵

| 參考 P.170~171 完成基本發酵的麵團。 |

分割 100g，滾圓。

間距相等排入烤盤，送入發酵箱靜置 15 分鐘。

5 整形

≫

6 最後發酵

≫

7 裝飾

≫

8 烤焙

雙手手指由上開始，往下輕壓麵團，壓成圓扁形。

間距相等排入不沾烤盤，送入發酵箱靜置 30 分鐘。

壓入黑橄欖，刷橄欖油，撒上海鹽。

送入預熱好的烤箱，以上下火 210℃，烘烤 18~20 分鐘。

作法

1 分割、中間發酵

備妥完成基本發酵的麵團，每個分割 100g，滾圓，間距相等排入烤盤，送入發酵箱靜置 15 分鐘。

2 整形 ≫

雙手手指由上開始。

3

往下輕壓麵團，壓成圓扁形。

4 最後發酵

整形後如圖所示，間距相等排入不沾烤盤，送入發酵箱靜置 30 分鐘。（註：圖為發酵前）

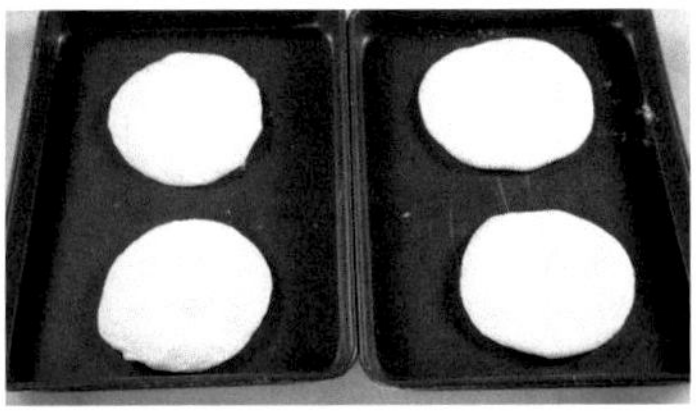

➲ NOTE 左邊為手壓整形；右邊為擀麵棍整形；可以觀察到工具整形比較平滑，手工整形比較有古樸趣味。（註：圖為發酵後）

5 裝飾、烤焙

壓入黑橄欖，刷橄欖油，撒上海鹽，送入預熱好的烤箱，以上下火 210℃，烘烤 18~20 分鐘。

no 064. 起司絲蒜香麵包球

製作工序

1 攪拌 ≫ **2 基本發酵** ≫ **3 分割** ≫ **4 中間發酵**

| 參考 P.170~171 完成基本發酵的麵團。 |

分割 200g，收整為長方形。

間距相等排入不沾烤盤，送入發酵箱靜置 15 分鐘。

5 整形 ≫ **6 最後發酵** ≫ **7 裝飾** ≫ **8 烤焙**

麵團搓 100 公分長條切小球。混合適量橄欖油、海鹽、義大利綜合香料、乾燥迷迭香，將麵包球泡入。

間距相等放上鋪上烤盤墊的不沾烤盤，送入發酵箱靜置 20 分鐘。

撒上帕瑪森起司絲。

送入預熱好的烤箱，以上下火 210℃，烘烤 8~10 分鐘。

作法

1 分割、中間發酵

備妥完成基本發酵的麵團，每個分割 200g，收整為長方形，間距相等排入烤盤，送入發酵箱靜置 15 分鐘。

2 整形 ≫

輕輕拍開麵團，將麵團折起。

3

搓 100 公分長條，切麵刀切小球。

4

混合適量橄欖油、海鹽、義大利綜合香料、乾燥迷迭香，將麵包球泡入。

5 最後發酵

間距相等放上鋪上烤盤墊的不沾烤盤，送入發酵箱靜置 20 分鐘。

6 裝飾、烤焙

撒上帕瑪森起司絲，送入預熱好的烤箱，以上下火 210℃，烘烤 8~10 分鐘。

no065. 乳酪條蒜香麵包球

製作工序

1 攪拌

| 參考 P.170~171 完成基本發酵的麵團。 |

2 基本發酵

3 分割

分割 200g，收整為長方形。

4 中間發酵

間距相等排入不沾烤盤，送入發酵箱靜置 15 分鐘。

5 整形

麵團搓 100 公分長條切小球。混合適量橄欖油、海鹽、義大利綜合香料、乾燥迷迭香，將麵包球泡入。

6 最後發酵

間距相等放上鋪上烤盤墊的不沾烤盤，送入發酵箱靜置 20 分鐘。

7 裝飾

壓入莫札瑞拉乳酪條。

8 烤焙

送入預熱好的烤箱，以上下火 210℃，烘烤 8~10 分鐘。

作法

1 分割、中間發酵

備妥完成基本發酵的麵團，每個分割 200g，收整為長方形，間距相等排入烤盤，送入發酵箱靜置 15 分鐘。

2 整形 >>

輕輕拍開麵團，將麵團折起。

3

搓 100 公分長條，切麵刀切小球。

4

混合適量橄欖油、海鹽、義大利綜合香料、乾燥迷迭香，將麵包球泡入。

5 最後發酵

間距相等放上鋪上烤盤墊的不沾烤盤，送入發酵箱靜置 20 分鐘。

6 裝飾、烤焙

壓入莫札瑞拉乳酪條，送入預熱好的烤箱，以上下火 210℃，烘烤 8~10 分鐘。

no **068.**
火腿培根披薩

no **067.**
櫻桃鴨酸菜披薩

no **066.**
黑橄欖起司披薩

製作工序

1 攪拌 >> **2 基本發酵** >> **3 分割** >> **4 中間發酵**

| 參考 P.170~171 完成基本發酵的麵團。 |　　　分割 100g，滾圓。　　　間距相等排入烤盤，送入發酵箱靜置 15 分鐘，再冷藏發酵 60 分鐘。

5 整形 >> **6 最後發酵** >> **7 裝飾** >> **8 烤焙**

麵團擀開，約 20 公分，依個人喜好鋪上綜合起司（切達、莫札瑞拉、煙燻乳酪）、黑橄欖、櫻桃鴨、培根、火腿、酸菜、黑胡椒粉。

不後發。

不裝飾。

送入預熱好的烤箱，以上下火 220℃，烘烤 12~15 分鐘。

作法

1 分割、中間發酵

備妥完成基本發酵的麵團，每個分割 100g，滾圓，間距相等排入烤盤，送入發酵箱靜置 15 分鐘，再冷藏發酵 60 分鐘。

2 整形

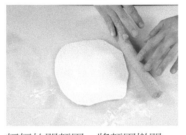

輕輕拍開麵團，將麵團擀開。

3 鋪料 1

鋪上綜合起司（切達、莫札瑞拉、煙燻乳酪）、黑橄欖。

4 鋪料 2

鋪上煙燻乳酪、櫻桃鴨、酸菜。

5 鋪料 3

鋪上綜合起司（切達、莫札瑞拉、煙燻乳酪）、火腿、培根、黑胡椒粉。

6

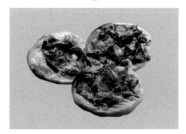

送入預熱好的烤箱，以上下火 220℃，烘烤 12~15 分鐘。

日式餐包

用「日式餐包」麵團做一些手工造型變化，餐包的造型除了包鹹奶油，還會包起司、脆腸，一樣都是「卷」的造型，但是裡面捲不同的東西去烤，也會用麵包夾肉鬆或奶油紅豆來做組合，非常好吃。辮子麵包則會做不同造型變化，譬如單辮、雙辮、三辮、四辮等，辮子麵包還可以做成花環或馬蹄的形狀，一樣是用 100g 麵團做造型的壓模。

日式餐包的口感跟德式餐桌麵包不太一樣，因為日式麵包有加比較多的奶粉跟糖，所以不會像德國麵包那麼硬，會稍微軟一點，比較符合亞洲人吃麵包的感覺，但是又不會很油，因為油量也很少。一般會認為日式麵包都很甜，但書中的配方糖量比較低，有點像低油量的奶油麵包卷。

在日本，餐包還可以捲柳葉魚跟炸的天婦羅，烤完之後鬆鬆酥酥的，口感極佳。也有師傅會把煎好的去骨一夜干或火烤的鯖魚夾在麵包裡面，非常好吃。日本人把吃麵包當作潮流跟興趣，在日本很多麵包是限定型的，一天限定 5 點或 6 點各出爐一次，一次只有 30、40 個，賣完就沒了。客人來店裡除了買限定麵包，還會再買一些其他的麵包，這樣來客數就變多了，營業額就增加了，除了幫助老闆賺錢，客人吃了也很開心。

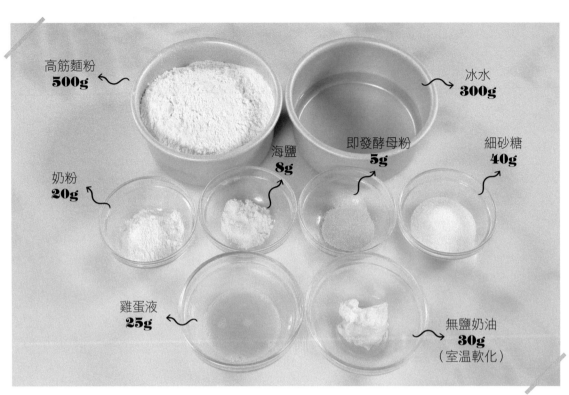

高筋麵粉 **500g**

冰水 **300g**

海鹽 **8g**

即發酵母粉 **5g**

細砂糖 **40g**

奶粉 **20g**

雞蛋液 **25g**

無鹽奶油 **30g** （室溫軟化）

製作工序

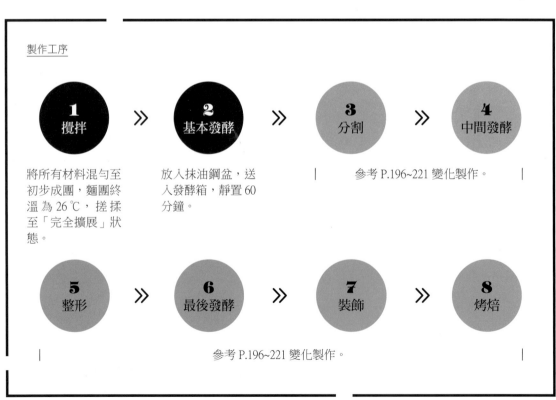

1 攪拌

2 基本發酵

3 分割

4 中間發酵

將所有材料混勻至初步成團，麵團終溫為 26℃，搓揉至「完全擴展」狀態。

放入抹油鋼盆，送入發酵箱，靜置 60 分鐘。

參考 P.196~221 變化製作。

5 整形

6 最後發酵

7 裝飾

8 烤焙

參考 P.196~221 變化製作。

作法

1 攪拌 >>

鋼盆加入高筋麵粉、奶粉、海鹽、即發酵母粉、細砂糖，材料需分區放置。

2

用手指將鋼盆內的材料稍微混勻。

3

加入室溫軟化的無鹽奶油、冰水、雞蛋液，冰水水溫約6~8℃。

4

將所有材料抓勻、混勻，剛開始材料會黏手是正常現象。

5

混勻至初步成團，這個狀態代表麵筋還很薄弱、尚未形成。

6

麵團移至桌面，一手固定麵團，一手將麵團往外壓延，再收回。

7

重複固定→單手壓延、收回的動作，反覆搓揉至筋性形成。

8

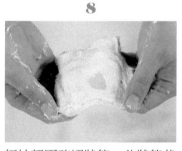

輕扯麵團確認狀態，此狀態代表麵筋還很薄弱。

9

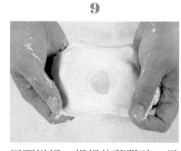

反覆搓揉，慢慢的薄膜破口呈鋸齒狀，此狀態稱為「擴展階段」。

10

慢慢的薄膜破口會越來越光滑，此狀態稱為「完全擴展」。

11 基本發酵 >>

麵團收整為圓形移至抹油鋼盆，放入發酵箱靜置60分鐘。（註：圖為發酵前）

12

發酵後將手指沾水，戳入麵團中，指痕不回縮即代表基發完成。（註：圖為發酵後）

no 069. 櫻桃鴨乳酪花卷

製作工序

1 攪拌
| 參考 P.194~195 完成基本發酵的麵團。 |

2 基本發酵

3 分割
分割 100g，收整為長方形，一端搓細。

4 中間發酵
間距相等排入烤盤，送入發酵箱靜置 15 分鐘。

5 整形
擀開麵團，擀一端較細、一端正常，鋪上兩片**櫻桃鴨、莫札瑞拉乳酪條**，捲起。

6 最後發酵
間距相等排入不沾烤盤，噴水，送入發酵箱靜置 40 分鐘。

7 裝飾
撒帕瑪森起司絲。

8 烤焙
送入預熱好的烤箱，以上下火 200℃，烘烤 10~12 分鐘。

作法

1 分割、中間發酵

備妥完成基本發酵的麵團，每個分割 100g，收整為長方形，一端搓細，間距相等排入烤盤，送入發酵箱靜置 15 分鐘。

2 整形 >>

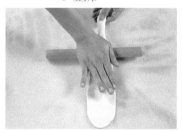

輕輕拍開麵團，將麵團擀開，擀一端較細、一端正常。

3

鋪上兩片櫻桃鴨、莫札瑞拉乳酪條。

4

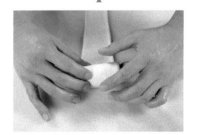

由上往下捲起。

5 最後發酵

捲好如圖，間距相等放上不沾烤盤，噴水，送入發酵箱靜置 40 分鐘。

6 裝飾、烤焙

撒上帕瑪森起司絲，送入預熱好的烤箱，以上下火 200℃，烘烤 10~12 分鐘。

☐☐070. 脆腸起司花卷

製作工序

1 攪拌
| 參考 P.194~195 完成基本發酵的麵團。|

2 基本發酵

3 分割
分割 100g，收整為長方形，一端搓細。

4 中間發酵
間距相等排入烤盤，送入發酵箱靜置 15 分鐘。

5 整形
擀開麵團，擀一端較細、一端正常，鋪上**莫札瑞拉乳酪條、脆腸**，捲起。

6 最後發酵
間距相等排入不沾烤盤，噴水，送入發酵箱靜置 40 分鐘。

7 裝飾
撒帕瑪森起司絲。

8 烤焙
送入預熱好的烤箱，以上下火 200℃，烘烤 10~12 分鐘。

作法

1 分割、中間發酵

備妥完成基本發酵的麵團，每個分割 100g，收整為長方形，一端搓細，間距相等排入烤盤，送入發酵箱靜置 15 分鐘。

2 整形 >>

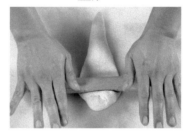

輕輕拍開麵團，將麵團擀開。

3

擀一端較細、一端正常。

4

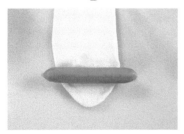

鋪上莫札瑞拉乳酪條、脆腸。

5 最後發酵

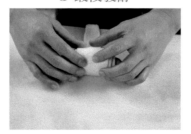

由上往下捲起，間距相等放上不沾烤盤，噴水，送入發酵箱靜置 40 分鐘。

6 裝飾、烤焙

依個人喜好選擇是否撒上帕瑪森起司絲，送入預熱好的烤箱，以上下火 200℃，烘烤 10~12 分鐘。

^{no}071. 鹽・莫札瑞拉起司花卷

製作工序

1
攪拌

>>

2
基本發酵

>>

3
分割

>>

4
中間發酵

| 參考 P.194~195 完成基本發酵的麵團。 |

分割 100g，收整為長方形，一端搓細。

間距相等排入烤盤，送入發酵箱靜置 15 分鐘。

5
整形

>>

6
最後發酵

>>

7
裝飾

>>

8
烤焙

擀開麵團，擀一端較細、一端正常，鋪上莫札瑞拉乳酪條，捲起。

間距相等排入不沾烤盤，噴水，送入發酵箱靜置 40 分鐘。

撒粗粒海鹽或帕瑪森起司絲。

送入預熱好的烤箱，以上下火 200℃，烘烤 10~12 分鐘。

作法

1 分割、中間發酵

備妥完成基本發酵的麵團，每個分割 100g，收整為長方形，一端搓細，間距相等排入烤盤，送入發酵箱靜置 15 分鐘。

2 整形 >>

輕輕拍開麵團，將麵團擀開，擀一端較細、一端正常。

3

鋪上三條莫札瑞拉乳酪條。

4

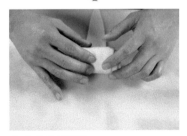

由上往下捲起。

5 最後發酵

捲好如圖，間距相等放上不沾烤盤，噴水，送入發酵箱靜置 40 分鐘。

6 裝飾、烤焙

撒上粗粒海鹽或帕瑪森起司絲，送入預熱好的烤箱，以上下火 200℃，烘烤 10~12 分鐘。

◎辮子麵包製作一覽

製作工序

1 攪拌 ≫ **2** 基本發酵 ≫ **3** 分割 ≫ **4** 中間發酵

| 參考 P.194~195 完成基本發酵的麵團。 |

分割 100g，收整為長方形。

間距相等排入烤盤，送入發酵箱靜置 15 分鐘。

5 整形 ≫ **6** 最後發酵 ≫ **7** 裝飾 ≫ **8** 烤焙

參考 P.204~213 製作。

間距相等排入鋪上烤盤墊的烤盤，送入發酵箱靜置 30 分鐘。

依個人喜好選擇是否撒起司絲裝飾。

噴水，參考整形頁數指示，送入預熱好的烤箱烘烤。

作法

1 分割

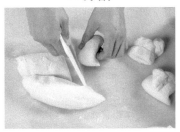

備妥完成基本發酵的麵團，每個分割 100g。

2 中間發酵

收整為長方形，間距相等排入烤盤，送入發酵箱靜置 15 分鐘。

3 整形

參考 P.204~213 選擇製作。（註：圖為五辮）

4 最後發酵

間距相等排入鋪上烤盤墊的烤盤，送入發酵箱靜置 30 分鐘。（註：圖為發酵前）

5 裝飾

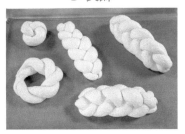

依個人喜好選擇是否撒起司絲裝飾。（註：圖為發酵後）

6 烤焙

噴水，參考整形指示，送入預熱好的烤箱烘烤。

⊙ **NOTE** 溫度皆為 190℃，時間則根據辮子數量調整遞增。

ⁿᵒ072. 單辮 · 辮子麵包

作法

1

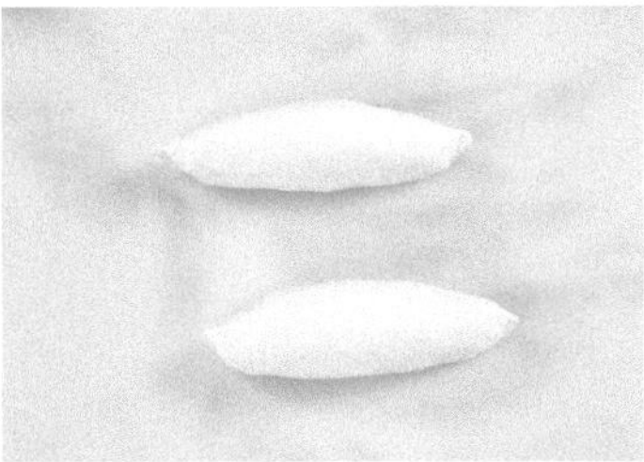

準備一條 100g 基本發酵完畢的麵團。

2

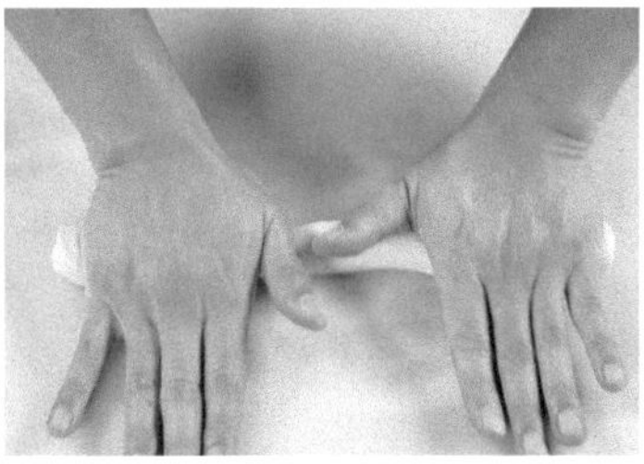

雙手從中心。

3

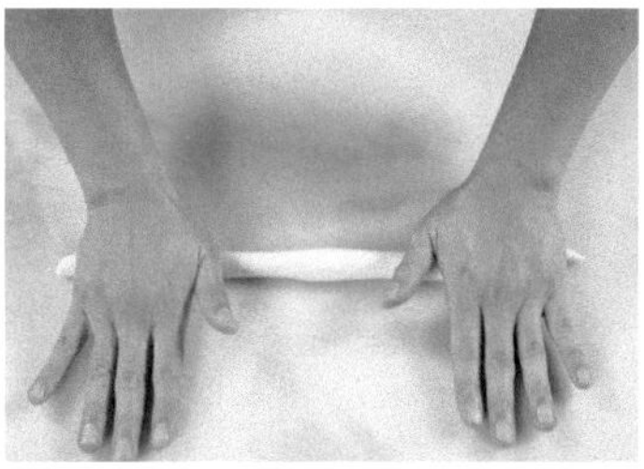

向外搓長。

4

搓長約 30 公分左右。

5

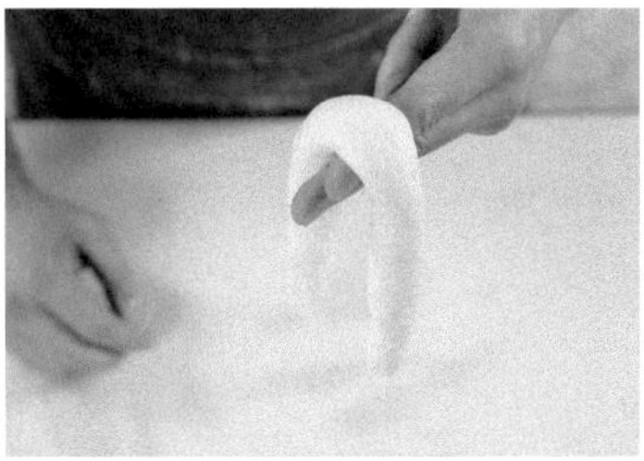

放在兩根手指上。

6

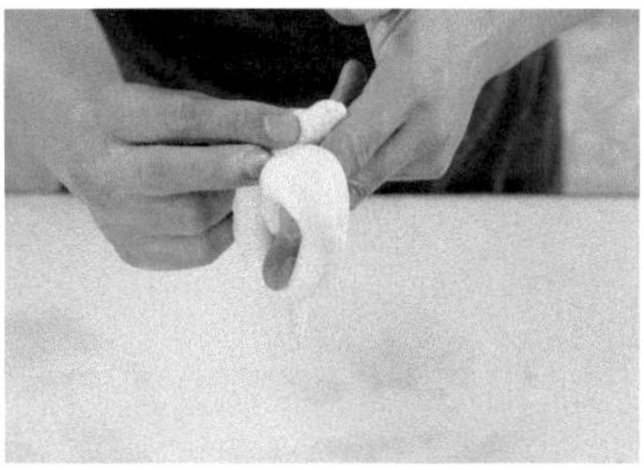

取自然下垂的一端朝內捲收。

7

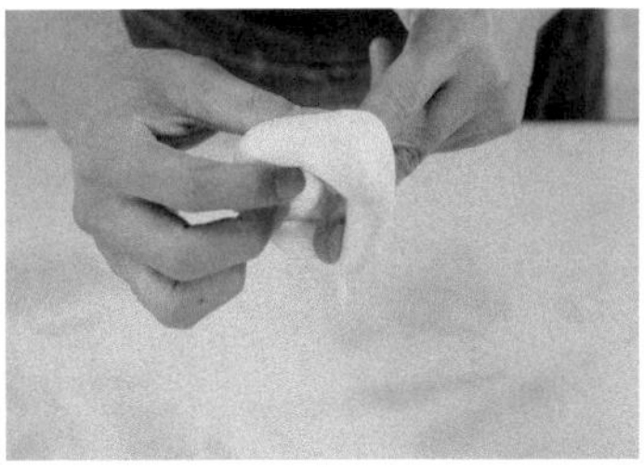

收入中心的洞裡，妥善藏好，避免外露。

8

另一端也妥善收入中心，避免外露。

9

完成如圖，詳 P.203 進行最後發酵。（註：烤溫為上下火 190℃／時間為 15 分鐘）

no073. 雙辮 · 辮子麵包

作法

1

準備兩條 100g 基本發酵完畢
的麵團，搓長。

2

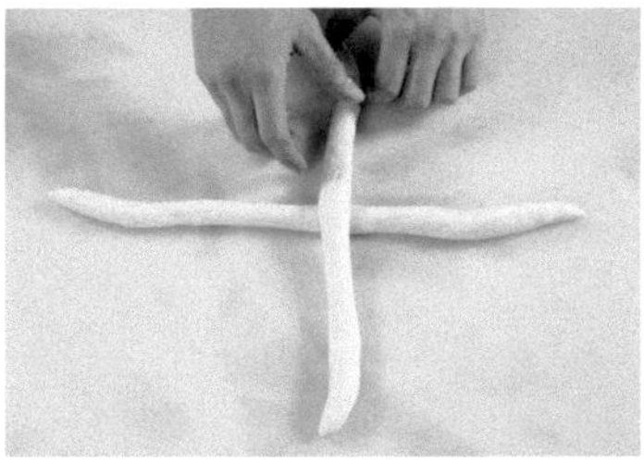

擺成垂直十字狀。

3

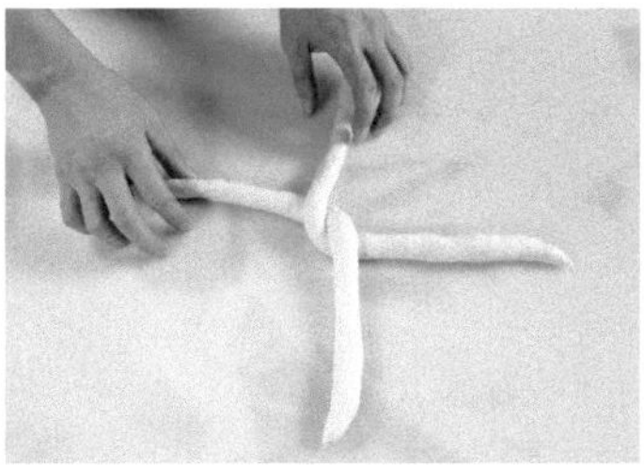

雙手各取一端交纏捲起。

4

動作不要太大，也不用捲太
緊。

5

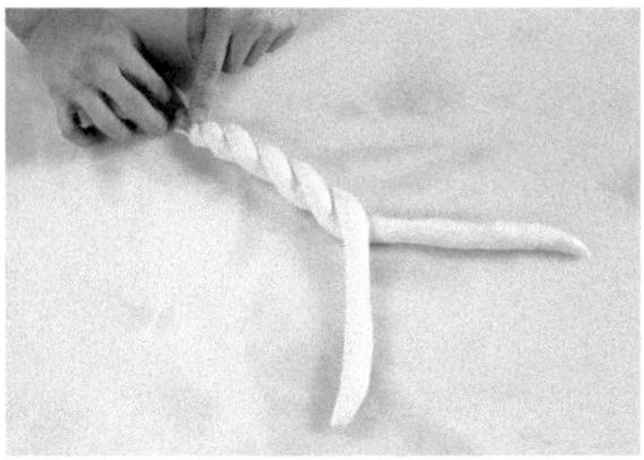

輕鬆但確實捲起即可。

6

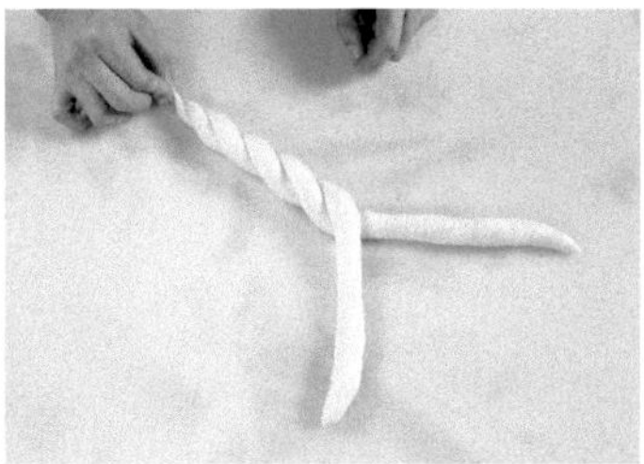

尾端妥善收口，藏好收口處避
免外露。

7

接下來用相同的手法捲另一
端。

8

一樣捲起，尾端妥善收口，藏
好收口處避免外露。

9

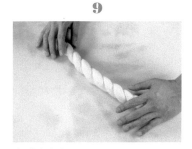

完成如圖。

10

雙手取兩端麵團。

11

頭尾相連，連成一個圓。

12

完成如圖，詳 P.203 進行最後
發酵。（註：**烤溫為上下火 190℃
/時間為 20 分鐘**）

no074. 三辮 ・ 辮子麵包

作法

1

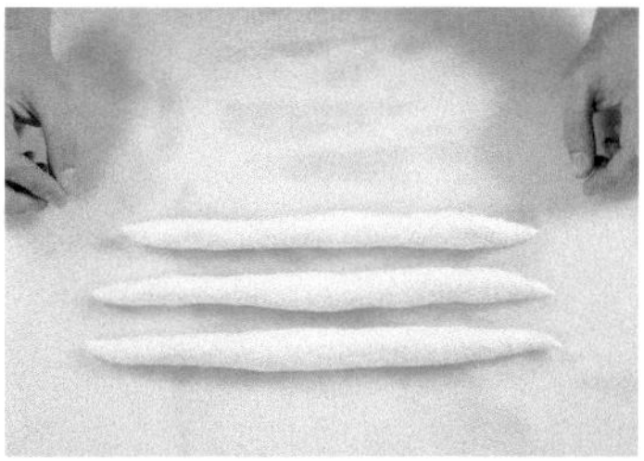

準備三條 100g 基本發酵完畢的麵團，搓長。

2

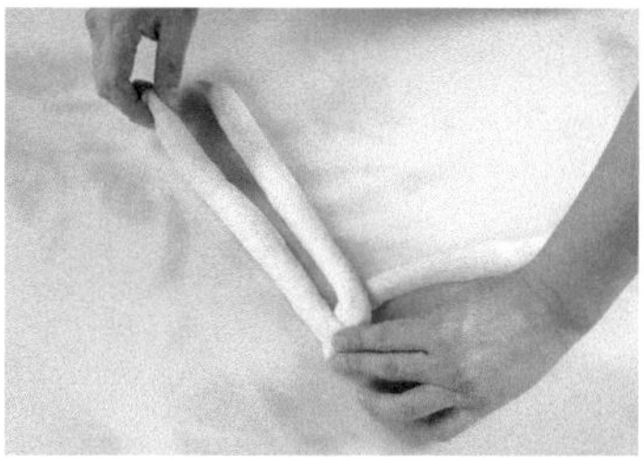

頂端相連，移動外側麵團。

3

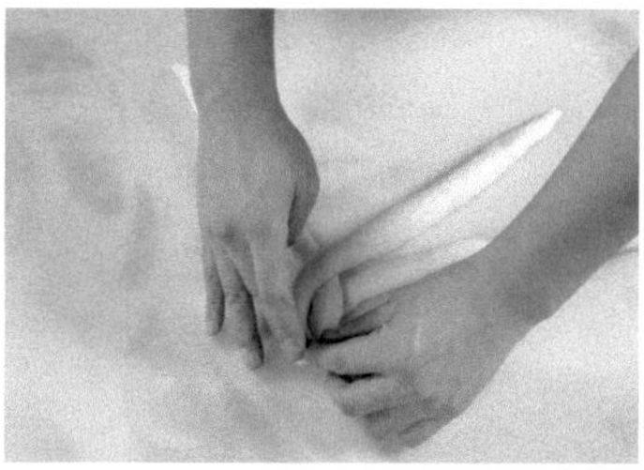

參考圖片移動外側麵團。

4

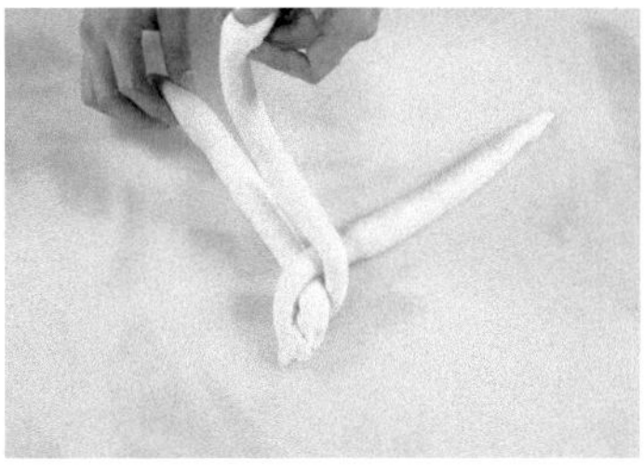

參考圖片移動外側麵團。

5

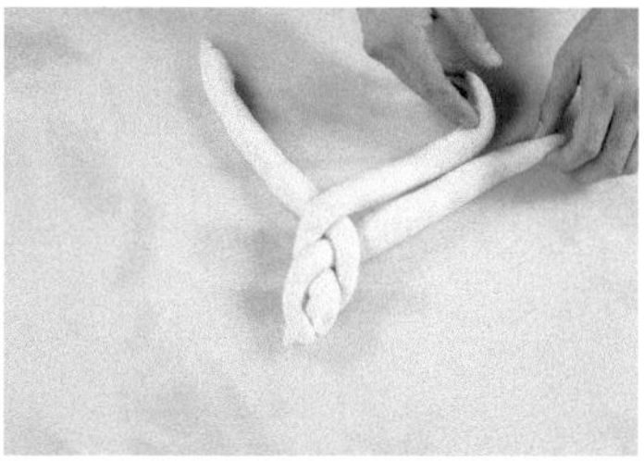

參考圖片移動外側麵團。

6

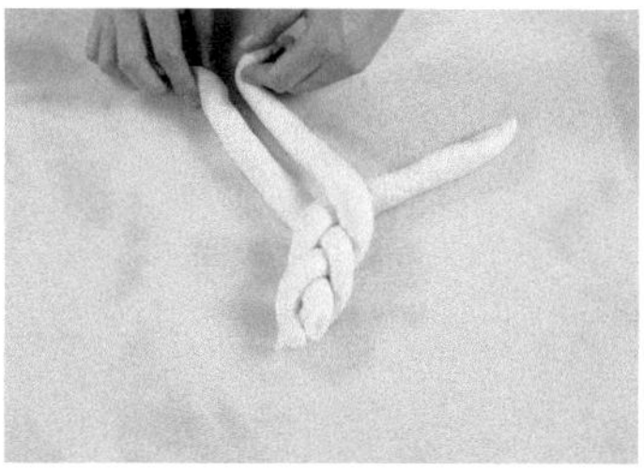

參考圖片移動外側麵團。

7

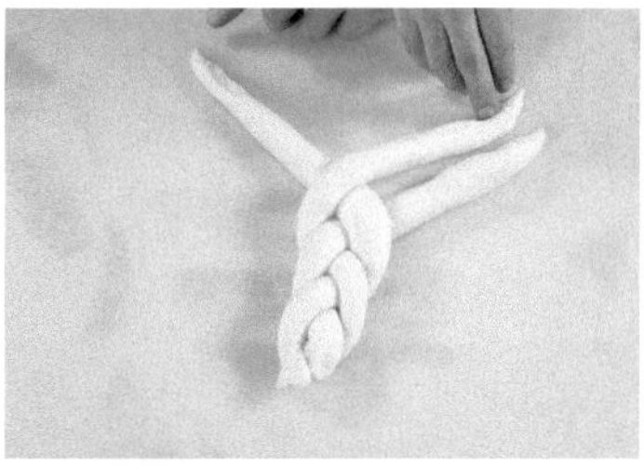

參考圖片移動外側麵團。

8

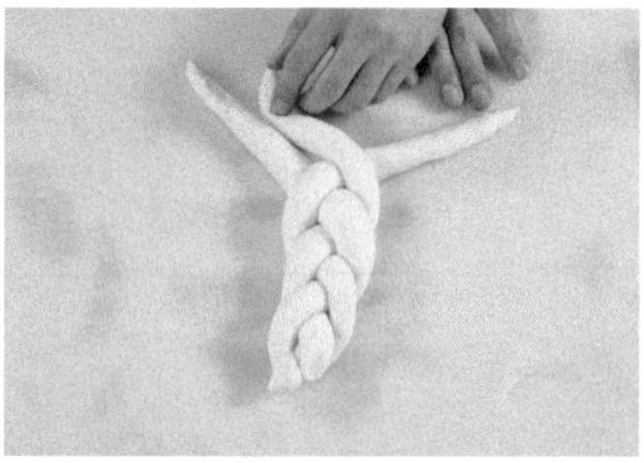

參考圖片移動外側麵團。

9

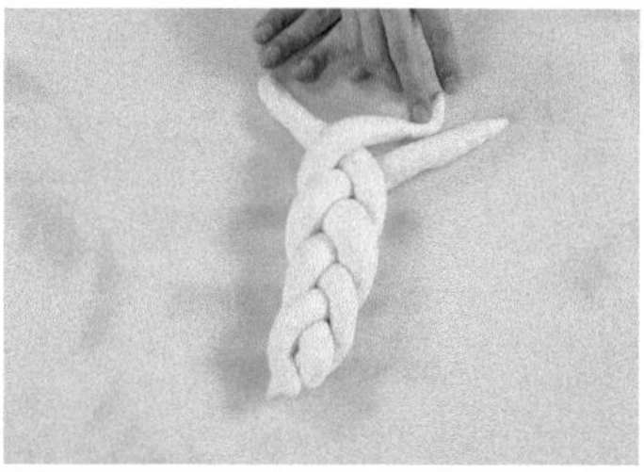

參考圖片移動外側麵團。

10

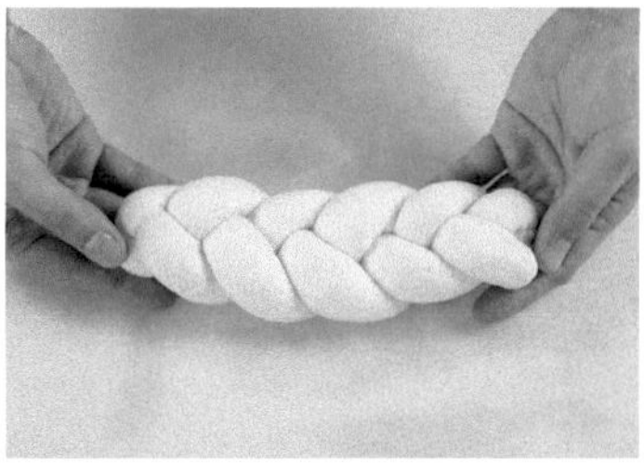

尾端妥善收口，藏好收口處避免外露。

11

完成如圖，詳 P.203 進行最後發酵。

12

依個人喜好選擇是否撒帕瑪森起司絲。（註：烤溫為上下火 190℃／時間為 25 分鐘）

no 075. 四辮 · 辮子麵包

作法

1

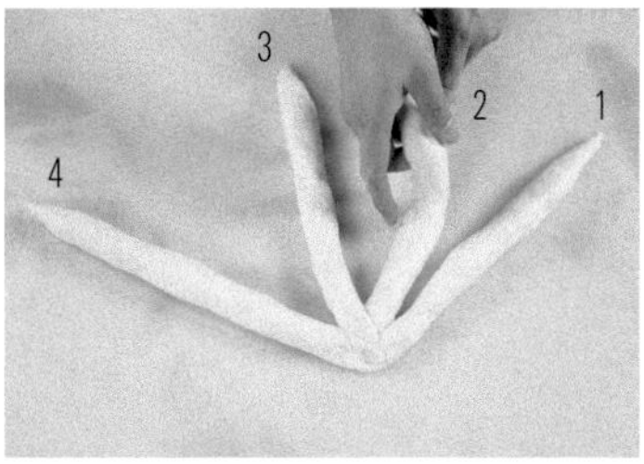

四辮口訣：2 到 3、4 到 2、1
到 3。

2

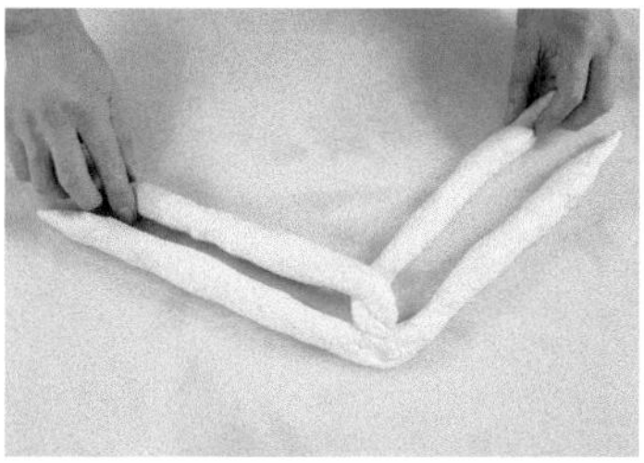

根據口訣編起，2 到 3。

3

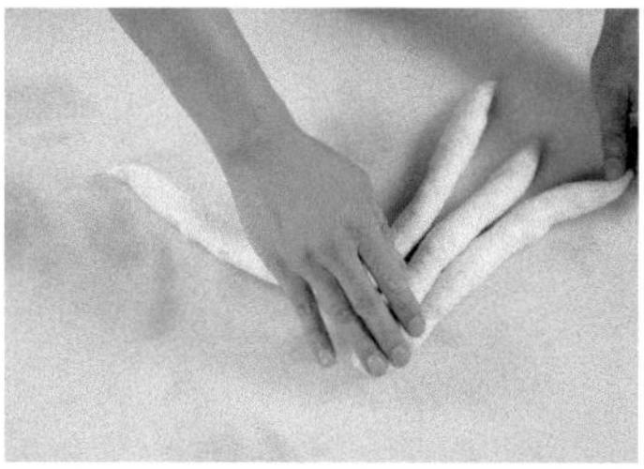

根據口訣編起，4 到 2。

4

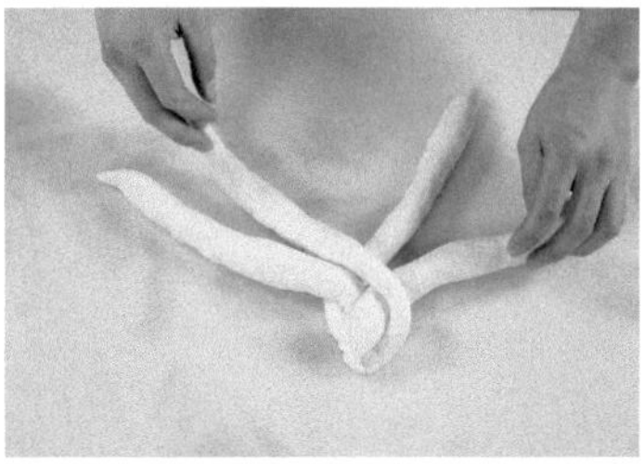

根據口訣編起，1 到 3。

5

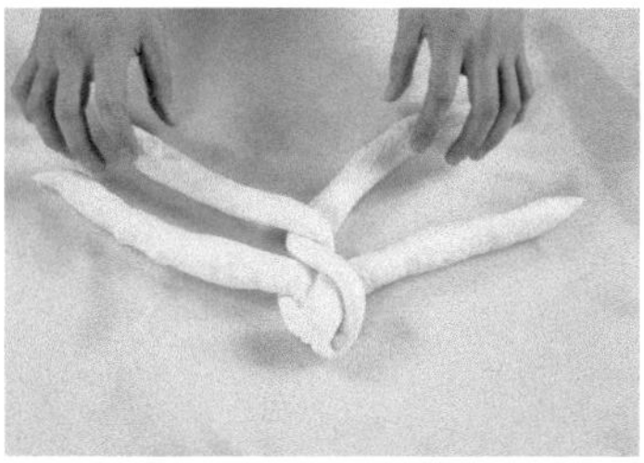

重複口訣編織，2 到 3。

6

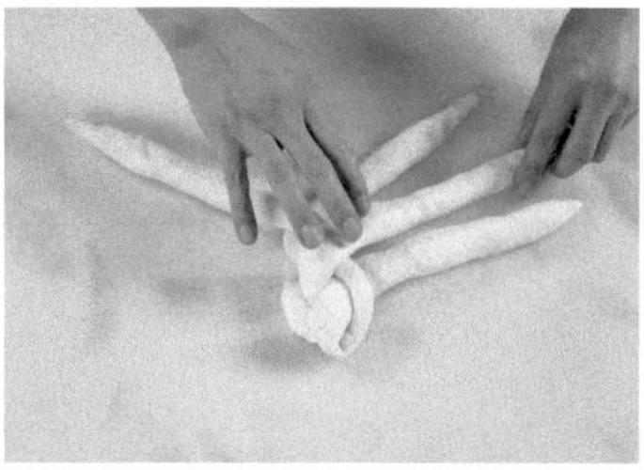

根據口訣編起，4 到 2。

7

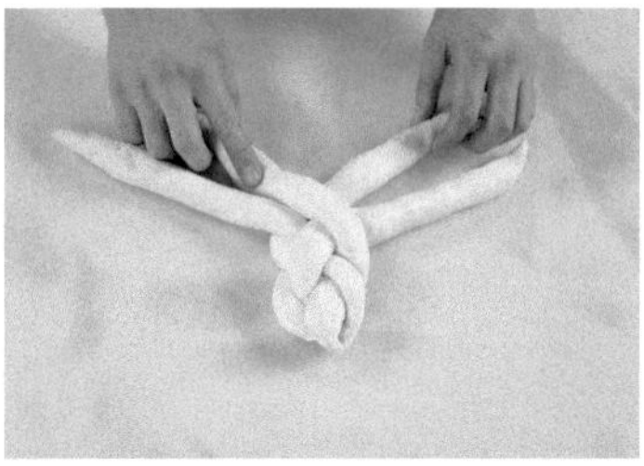

根據口訣編起，1 到 3。

8

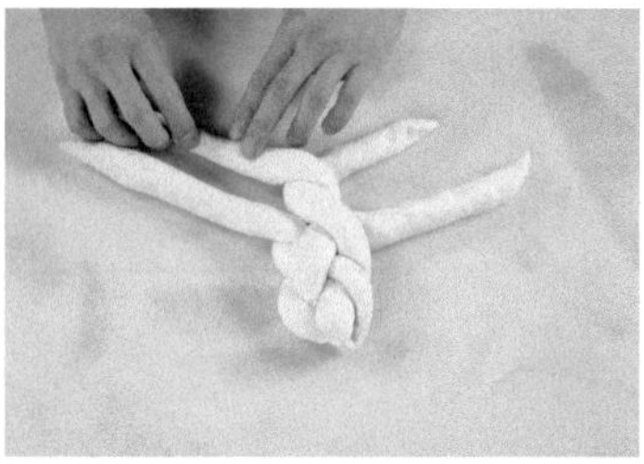

重複口訣編起，2 到 3。

9

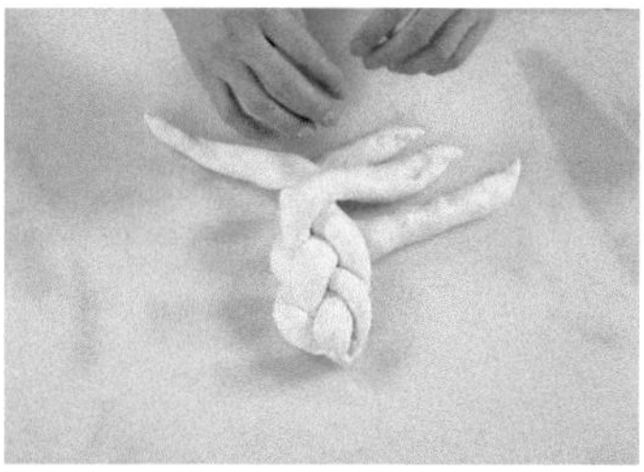

根據口訣編起，4 到 2。

10

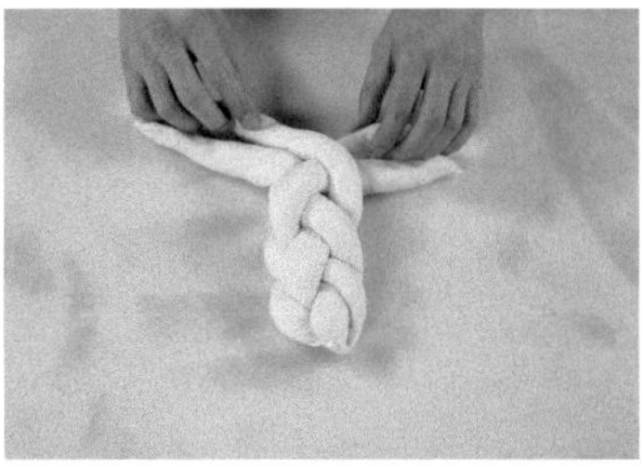

根據口訣編起，1 到 3，依序
編完。

11

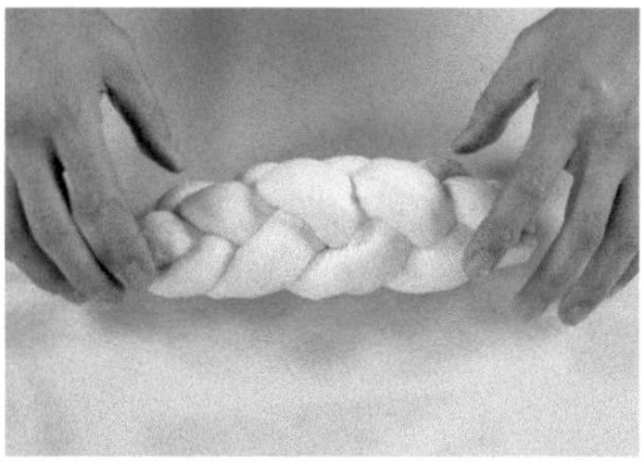

尾端妥善收口，藏好收口處避
免外露。

12

完成如圖，詳 P.203 進行最後
發酵。（註：**烤溫為上下火 190℃
／時間為 30 分鐘**）

^{no}076. 五辮・辮子麵包

作法

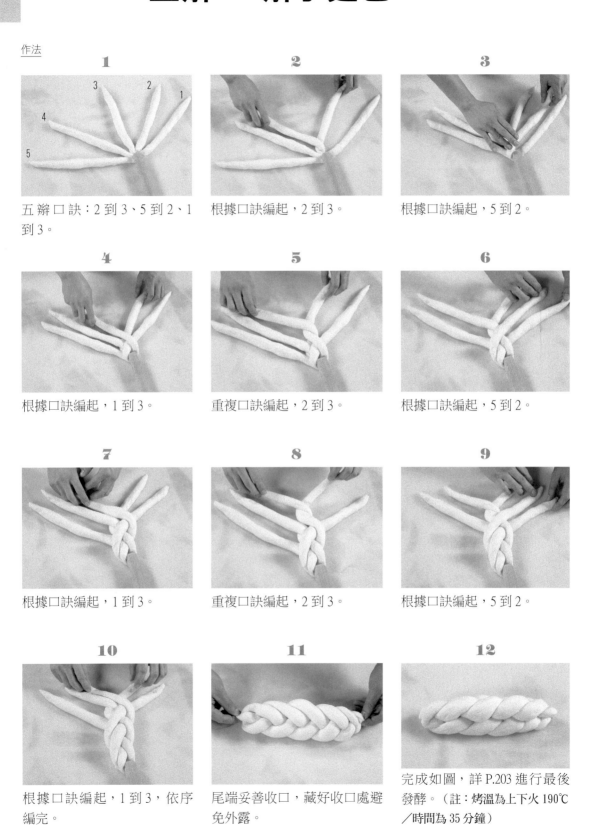

1
五辮口訣：2 到 3、5 到 2、1 到 3。

2
根據口訣編起，2 到 3。

3
根據口訣編起，5 到 2。

4
根據口訣編起，1 到 3。

5
重複口訣編起，2 到 3。

6
根據口訣編起，5 到 2。

7
根據口訣編起，1 到 3。

8
重複口訣編起，2 到 3。

9
根據口訣編起，5 到 2。

10
根據口訣編起，1 到 3，依序編完。

11
尾端妥善收口，藏好收口處避免外露。

12
完成如圖，詳 P.203 進行最後發酵。（註：烤溫為上下火 190℃／時間為 35 分鐘）

^{no}077. 脆腸起司造型壓模麵包

製作工序

1 攪拌 ≫ **2 基本發酵** ≫ **3 分割** ≫ **4 中間發酵**

| 參考 P.194~195 完成基本發酵的麵團。 |

分割 100g，收整為圓形。

間距相等排入不沾烤盤，送入發酵箱靜置 15 分鐘。

5 整形 ≫ **6 最後發酵** ≫ **7 裝飾** ≫ **8 烤焙**

輕輕拍開，由上朝下收口，收整為橄欖形。

壓造形模具，間距相等排入不沾烤盤，送入發酵箱靜置 50 分鐘。

無。

送入預熱好的烤箱，以上下火 200℃，烘烤 10~12 分鐘。出爐切開，夾入喜愛的餡料裝飾。

作法

1 分割、中間發酵

備妥完成基本發酵的麵團，每個分割 100g，收整為圓形，間距相等排入烤盤，送入發酵箱靜置 15 分鐘。

2 整形 ≫

輕輕拍開。

3

由上朝下收口。

4

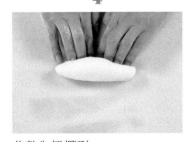

收整為橄欖形。

5 最後發酵

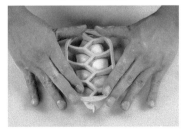

壓造型模具，間距相等排入不沾烤盤，送入發酵箱靜置 50 分鐘。

6 烤焙

送入預熱好的烤箱，以上下火 200℃，烘烤 10~12 分鐘。出爐切開，夾入喜愛的餡料裝飾。

no078. 奶油肉鬆

製作工序

1 攪拌

| 參考 P.194~195 完成基本發酵的麵團。 |

2 基本發酵

3 分割

分割 100g，收整為圓形。

4 中間發酵

間距相等排入不沾烤盤，送入發酵箱靜置 15 分鐘。

5 整形

輕輕拍開，由上朝下收口，收整為橄欖形。

6 最後發酵

間距相等排入不沾烤盤，送入發酵箱靜置 50 分鐘。

7 裝飾

無。

8 烤焙

送入預熱好的烤箱，以上下火 200℃，烘烤 10~12 分鐘。出爐放涼，抹美乃滋撒肉鬆。

作法

1 分割、中間發酵

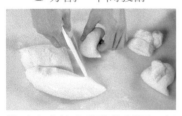

備妥完成基本發酵的麵團，每個分割 100g，收整為圓形，間距相等排入烤盤，送入發酵箱靜置 15 分鐘。

2 整形 >>

輕輕拍開。

3

由上朝下收口。

4

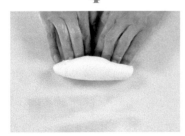

收整為橄欖形。

5 最後發酵

間距相等排入不沾烤盤，送入發酵箱靜置 50 分鐘。

6 烤焙

送入預熱好的烤箱，以上下火 200℃，烘烤 10~12 分鐘。出爐放涼，抹美乃滋撒肉鬆。

no **083.**
剪剪卡士達夾紅豆粒麵包

no **084.**
剪剪芋頭夾卡士達麵包

no **080.**
紅豆沾黑芝麻圓麵包

no 081.
剪剪芋頭麵包

no 082.
剪剪卡士達麵包

no 079.
地瓜沾白芝麻圓麵包

圓麵包作法

1 攪拌 ≫ **2 基本發酵** ≫ **3 分割** ≫ **4 中間發酵**

| 參考 P.194~195 完成基本發酵的麵團。|　　　分割 60g，輕輕滾圓。　　　間距相等排入烤盤，送入發酵箱靜置 15 分鐘。

5 整形 ≫ **6 最後發酵** ≫ **7 裝飾** ≫ **8 烤焙**

分割紅豆餡（或地瓜餡）40g，滾圓，拍開麵皮包入內餡收口，中心沾水點生黑芝麻（或生白芝麻）。　　間距相等排入烤盤，噴水，送入發酵箱靜置 50~60 分鐘。　　無。　　送入預熱好的烤箱，以上下火 200℃，烘烤 10~12 分鐘。

作法

1. 分　　割：備妥完成基本發酵的麵團，分割 60g，輕輕滾圓。

2. 中間發酵：間距相等排入烤盤，送入發酵箱靜置 15 分鐘。

3. 整　　形：餡分割 40g，滾圓，拍開麵皮包餡收口，收口朝下，麵團中心沾水，點適量生芝麻。（圖 1~4）

4. 最後發酵：間距相等排入烤盤，噴水，送入發酵箱靜置 50~60 分鐘。

5. 烤　　焙：送入預熱好的烤箱，以上下火 200℃，烘烤 10~12 分鐘。

1　　**2**　　**3**　　**4**

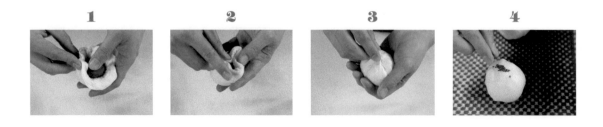

剪剪麵包作法

製作工序

1 攪拌 ≫ **2** 基本發酵 ≫ **3** 分割 ≫ **4** 中間發酵

| 參考 P.194~195 完成基本發酵的麵團。 |　　分割 60g，輕輕滾圓。　　間距相等排入烤盤，送入發酵箱靜置 15 分鐘。

5 整形 ≫ **6** 最後發酵 ≫ **7** 裝飾 ≫ **8** 烤焙

擀開麵皮，擠上餡料（或配料），收口成扇形，剪兩刀。　　間距相等排入烤盤，噴水，送入發酵箱靜置 50~60 分鐘。　　無。　　送入預熱好的烤箱，以上下火 200℃，烘烤 10~12 分鐘。

作法

1. 分　割：備妥完成基本發酵的麵團，分割 60g，輕輕滾圓。

2. 中間發酵：間距相等排入烤盤，送入發酵箱靜置 15 分鐘。

3. 整　形：拍開麵皮包餡收口，收口成扇形，剪兩刀。（圖 1~8；作法為剪剪芋頭夾卡士達麵包）
「剪剪芋頭麵包」皮 60g ／芋頭餡 50g；「剪剪卡士達麵包」；皮 60g ／卡士達 50g。
「剪剪卡士達夾紅豆粒麵包」皮 60g ／卡士達 40g，紅豆餡 10g。
「剪剪芋頭夾卡士達麵包」　皮 60g ／卡士達 25g，芋頭餡 25g。

4. 最後發酵：間距相等排入烤盤，噴水，送入發酵箱靜置 50~60 分鐘。

5. 烤　焙：送入預熱好的烤箱，以上下火 200℃，烘烤 10~12 分鐘。

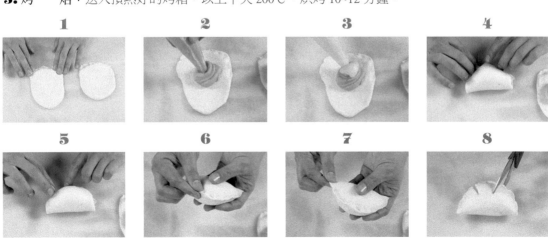

老師的麵包悄悄話

　　我認為麵包就是要配方簡單一點，它的好吃是加上去的，譬如烘烤後夾入燻雞、起司、火腿，麵團本身不需要太多添加，單純呈現小麥風味即可。我們書中的麵包連鮮奶都沒有加，全部都是加水而已，手揉麵包一定要學會正確的操作方式以及怎麼判斷，軟硬度是用水跟粉來調整，硬就加水，反之如果拌完之後流性太強或太軟就多加一點粉。

　　麵包的流程可以概略分為八個步驟，每個階段都有其原則使命在，下面簡單為大家講解麵包製作的流程與技巧。

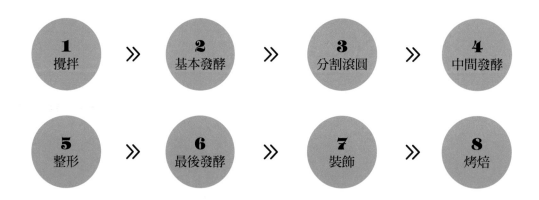

1. 攪拌

　　本書皆使用「直接法」，將乾性材料分區放置，再加入冰水（或雞蛋液、油脂）混勻成團，接著放上桌面，雙手搓揉麵團。慢慢的麵團會出筋，輕扯麵團確認狀態，起初薄膜破口呈不規則的鋸齒狀，此狀態稱為「擴展階段」，慢慢的薄膜破口會越來越光滑，就達到「完全擴展」了；當麵團呈完全擴展狀態，即可準備進行發酵。

擴展階段

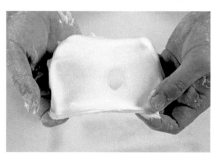

完全擴展階段

2.4.6. 基本發酵、中間發酵、最後發酵　※ 翻麵

我們將「基本發酵、中間發酵、最後發酵、翻麵」這四個發酵一起說明，這四個發酵有其共通點，但又因各自的位置不同，而產生微妙的目的變化。

「基本發酵」是麵團的第一次發酵，讓酵母作用，使麵團中充滿氣體，讓麵筋鬆弛熟成；「中間發酵」主要是為了調整麵團狀態，讓麵團鬆弛休息一下，整形時比較不會縮的太緊，不好操作；「最後發酵」是烘烤前的發酵，主要是經過整形的麵團，內部氣體會流失，為了重新豐盈口感，所以要進行烘烤前的發酵。而「翻麵」一般都是為了重塑、重整麵筋，讓麵團發得更均勻，結構性更強才會操作。

所有的發酵都離不開酵母與環境。本書皆使用乾性酵母，是可以直接加入攪拌，不需水解的酵母。家裡沒有發酵箱的朋友，可以用塑膠箱，或網購剩的大紙箱代替，基本上溫度控制在27~30℃，濕度介於70~80%之間，不要讓麵團曝露在空氣中，使表皮乾掉，能夠達到這個條件，用什麼器材皆可。

3. 分割滾圓

對待麵團要輕柔，太粗魯酵母會使膨脹力道受影響，烘烤後會呈現塌扁狀態，這樣的麵包就是失敗。

分割時盡量減少切割次數，避免讓無謂的切割動作破壞麵筋。將麵團輕輕扣起，以順時針方向慢慢將麵團滾圓，不要太大力，如果遇到多餘的氣泡就輕輕拍掉，繼續滾圓。如果做歐式麵包，滾圓就不能滾很緊，滾太緊口感會消失，吃起來會很密，比較沒有歐式麵包的蓬鬆度。歐洲的主食麵包跟亞洲不太一樣，亞洲喜歡吃很軟的麵包，但歐洲人會喜歡麵包咬下去要有一定的口感，所以不會把麵團做過多收整的動作。（圖1~4）

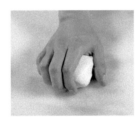

5. 整形

利用不同的方法將麵團塑形成想要的模樣，避免過多無謂的動作，快速且精準，最大限度減少整形對組織香氣的破壞。

7. 裝飾

這個步驟可以依個人喜好添加喜愛的食材，像香料、乳酪、鹽巴等都是不錯的選擇。

8. 烤焙

麵團送入預熱好的烤箱，預熱是非常重要的步驟，目的是讓麵團可以在一個穩定的環境內烘烤，避免烤箱升溫過程中所帶來的誤差。

美味的無限可能
呂昇達 ╳ 王俊之

Basic. 讓美味升級的私房醬料

奶油醬與油醋醬

no 085.
橙花桔香
乳酪抹醬

奶油乳酪	100g
蜜漬橘皮丁	30g
細砂糖	10g
橙花水	5g

no 086.
素焚糖
核桃乳酪抹醬

奶油乳酪	100g
烤熟的核桃	30g
素焚糖	20g

no 087.
和三盆糖
蔓越莓乳酪抹醬

奶油乳酪	100g
蔓越莓乾	30g
和三盆糖	30g

no 088
三溫糖
葡萄乳酪抹醬

奶油乳酪	100g
葡萄乾	40g
三溫糖	15g

no 089.
帕瑪森
香蒜奶油醬

無鹽奶油	100g
帕瑪森起司粉	30g
新鮮蒜頭切碎	30g
細砂糖	5g
海鹽	2g

no 090.
巴西里
蒜香奶油醬

無鹽奶油	100g
新鮮蒜頭切碎	40g
細砂糖	4g
海鹽	3g
乾燥巴西里葉	1g

no 091.
松露油醋醬

松露橄欖油	50g
巴薩米克醋	15g
海鹽	1g

no 092.
香料油醋醬

羅勒橄欖油	50g
巴薩米克醋	15g
海鹽	1g

★ 不簡單的美味，拌勻所有材料即可享用。

Basic. 本書的必學搭配，啟發美味的無限可能

肉品、蔬食、菇類與麵包糖片

no 093.
紅酒醋炒野菇 ✕ 魯茲迪克

配方

Ⓐ	綜合野菇	100g
Ⓑ	蒜頭碎	10g
	洋蔥絲	10g
	鹽	1g
Ⓒ	陳年紅酒醋	5g
	黑胡椒粉	1g
Ⓓ	帕丹諾起司	1g

◉ **NOTE** 野菇可以選擇當季、外形飽滿、符合自己口味的，像是一般超市就能買到的袖珍菇、杏鮑菇、新鮮香菇、美白菇等。如果喜歡味道較強烈的，可以選擇乾香菇泡開還原，或者去食品材料行買牛肝菌、雞樅菌這類的菌菇來做搭配。洋蔥炒蒜頭必須使用橄欖油或奶油，因為油質的香氣會決定這道菜的風味，或者使用其他更好的油。

作法

1. 洋蔥絲、蒜頭碎用適量橄欖油或奶油，以中小火炒到完全軟化，接近焦糖化，把辛香刺激感去除。當洋蔥跟蒜頭變的半透明，就表示快好了，再拌炒 10~15 秒，盛盤備用。

◉ **NOTE** 現在做的「炒洋蔥蒜頭」會混搭在不同的組合中。

2. 綜合野菇洗淨，隨意切不規則但有一點厚度的刀工。

3. 平底鍋加入適量橄欖油，以中大火將材料 A 炒到收乾體積變小，炒乾炒香。

4. 加入材料 B 續炒，炒軟後加入材料 C 調味。

5. 魯茲迪克切片，刷上橄欖油烤熱。將炒好的作法 4 鋪上切片烤熱的魯茲迪克麵包上，刨上材料 D，再烤至融化。製作重點是要把菇類炒到收乾，讓它的水分揮發掉，這道菜才會好吃。

no 094.
塔香青醬炒茭白筍小點 ✕ 魯茲迪克

配方

Ⓐ	茭白筍	60g
Ⓑ	橄欖油	5g
Ⓒ	鹽	1g
Ⓓ	九層塔青醬	15g
Ⓔ	帕丹諾乳酪	2g

◉ **NOTE**
茭白筍要跟九層塔青醬一起拌匀。因為配方中的青醬已經是熱的了，所以這道菜只要先把茭白筍炒熱，再拌入青醬就好。

茭白筍要挑選新鮮的，這道菜是開放式小菜鋪麵包片，所以材料不適合切太大塊。另外茭白筍很容易上色燒焦，必須慢慢炒，再與九層塔青醬拌匀。

★青醬配方：九層塔葉 100g、橄欖油 70g、蒜頭 15g、杏仁 30g、帕瑪森起司粉 20g。將九層塔葉洗淨擦乾，與其他材料一起用食物調理機打碎即可。

青醬除了可以炒茭白筍，也適合炒其他硬質類的蔬菜，譬如茄子、野菇，風味也是很棒。

作法

1. 茭白筍的外層稍微去除，用斜刀切成適合一口吃的大小。

2. 材料 B 倒入鍋中，中火加熱後放入材料 A 炒熟。

3. 慢慢炒成赤黃色後，加入材料 C 調味，加入材料 D 拌匀。

4. 魯茲迪克切片，刷上橄欖油烤香，擺上拌匀的作法 3。

5. 刨上材料 E 與份量外的初榨橄欖油，完成。

老饕牛肉與水波蛋

紅酒醋炒野菇

塔香青醬炒茭白筍小點

★魯茲迪克

no 095.
醋烤老饕牛與水波蛋✕魯茲迪克

配方

- Ⓐ 臺灣老饕牛　　60g
- Ⓑ┬ 陳年紅酒醋　10g
　└ 白蘭地　　　2g
- Ⓒ┬ 鹽　　　　　1g
　└ 黑胡椒粒　　1g
- Ⓓ 水波蛋　　　　1 顆
　　橄欖油　　　3g
- Ⓔ┬ 帕丹諾起司　2g
　└ 乾燥洋香菜　適量

附水波蛋作法

1. 用有一點深度的鍋子煮一鍋滾水，水要夠多。

2. 湯匙在滾水中畫圓，讓水流形成一個漩渦。

3. 敲破雞蛋，將蛋液倒入容器，注意不要讓蛋黃破掉，再於漩渦中心倒入雞蛋。

4. 此時水流會包覆蛋液，使蛋白旋轉並包覆蛋黃，中小火煮約2~3分鐘，輕輕撈起，放上紙巾吸乾水分。

◉ NOTE　不用加醋，醋只是加速蛋白的凝結而已，只要把水溫控制好，讓水溫保持在冒小泡泡的狀態，泡泡不要太大，太大會破壞蛋的形狀。

醋烤老饕牛作法

1. 材料 A 與材料 C 混勻抓醃，醃約 30~60 分鐘，醃至入味。

2. 平底鍋熱鍋至 200℃，放入橄欖油，鋪上醃好的臺灣老饕牛，中火煎至兩面上色。

⊙ **NOTE** 產生梅納反應會產生比較多香氣，這是因為蛋白質被高溫破壞而產生的效果。

3. 倒入材料 B 嗆出香氣，稍微燒一下，味道就會多一個酸甜的香氣。

4. 盛盤，撒上材料 C 的橄欖油，送入預熱至180℃的烤箱，烘烤約8~10分鐘。烤好後靜置2~3分鐘，讓肉汁吸回去，切片備用。

與調味料醃製

烤好後靜置 2 ～ 3 分鐘
讓肉汁吸回去

組合

魯茲迪克刷上橄欖油烤過；將 P.226「炒洋蔥蒜頭」、臺灣老饕牛放上烤好的麵包，撒上帕丹諾起司、乾燥洋香菜，最後放上水波蛋完成。

⊙ **POINT**

- 使用熟成約 7 ～ 8 天的「老饕牛排」，這個部位的特色是油花與口感兼具，牛排要跟陳年紅酒醋一起烤，煎烤完之後再切片，搭配 P.226 的「炒洋蔥蒜頭」與一顆水波蛋。甫一切開，濃濃的蛋液隨之流出，與牛排、麵包浸潤在一起，風味絕佳。

- 牛排也可以用美國牛的老饕部位來取代。

- 什麼是「老饕部位」？老饕就是肋眼，肋眼可以分成兩大部位：「肋眼心及上蓋」；上蓋就是所謂的「老饕」。肋眼則是長長的一條，老饕是取肋眼中間那塊肉的上蓋（上層）。

- 何謂「熟成」？生物死亡進入僵直期後，會再進入解僵期，解僵期後，在完全腐爛之前它會有一段過程，肉會變的比較軟、比較甜，就像水果買回來還很澀，會先放著，這段時間就叫作「熟成」。

- 肉品的熟成必須保持在一定的濕度跟乾度，讓它進行自己的體內變化。而且必須是沒有經過冷凍過的肉才能熟成，因為冷凍過表面的活菌會死亡，就無法進行熟成了。熟成過後肉會變的比較乾，因為水分會被帶走，所以煎熟的時間就會比較短一點。

- 一定要使用陳年紅酒醋（巴薩米克醋），不能用紅酒醋代替，因為紅酒醋的味道太刺激了，陳年紅酒醋有加一定比例的葡萄汁溫潤過，風味會比較好。

- 牛排在加熱的時候，不管是用煎的或烤的，它的水分或血紅激素會往中心點集中，烤好後應該讓牛排靜置一下，使整塊肉的溫度變一致，這樣切開時肉汁才不會全部流出來。

no 096.
香蒜橄欖油麵包與烤牛排

no 097.
青醬小番茄炒菇

★魯茲迪克

配方

	牛小排	120g
Ⓐ	鹽	2g
	黑胡椒粒	2g
Ⓑ	蒜頭	15g
	橄欖油	20g
Ⓒ	杏鮑菇	60g
Ⓓ	小番茄	30g
Ⓔ	魯茲迪克	40g
	帕瑪森起司	2g
Ⓕ	九層塔青醬	15g

◉ **NOTE** 蒜油跟橄欖油煎過的麵包,是一種西餐的吃法,這種油脂比較清香較沒有負擔。但是麵包的選擇很重要,建議不要選太軟的麵包(但書中的日式麵團可選),最好是要選有香氣跟嚼勁的麵包,會比較好吃。

作法

1. 牛小排:材料 A 混合抓醃,靜置 5 分鐘。

2. 炸蒜片:材料 B 以冷油冷鍋的方式炸成蒜片,備用,蒜油也撈起備用。

3. 牛小排:乾淨鍋子加入蒜油,中大火煎醃漬完畢的材料 A,煎至兩面焦赤、上色。送入預熱至 180℃ 的烤箱,烘烤約 10~13 分鐘,烤好後離開熱源,靜置休息 3~5 分鐘。

4. 青醬番茄杏鮑菇:材料 C 洗淨切滾刀塊;材料 D 洗淨對切。

5. 乾淨鍋子加入蒜油,加入材料 C 炒香、炒乾,再加入材料 D 炒勻,加入材料 F 調味拌開,完成。

6. 香蒜橄欖油麵包:乾淨平底鍋加入適量蒜油與橄欖油,將材料 E 的魯茲迪克麵包切片,放入鍋中,以中小火兩面煎脆。

7. 觀察麵包吸附油的狀況,再決定是否繼續沾,另外油不要放太多,因為麵包很會吸油。刨上帕瑪森起司,兩面再煎一次,完成。

8. 組合:組合牛小排、炸蒜片、青醬番茄杏鮑菇、香脆麵包片即可。

素焚糖

上白糖

三温糖

和三盆糖

　　如果麵包想做其他變化的話，可以切成 1 ～ 1.5 公分厚的麵包片，每片抹上適量奶油再沾糖，送入預熱好的烤箱，以烤溫 100℃ 低溫烘烤 1 ～ 2 個小時左右，烤到像餅乾一樣的脆度即可，糖片烘烤完之後務必密封好，否則可能會回軟，因為沾了糖麵包容易受潮。

❶ 注意烘烤糖片不能上色！因為糖片上色，就會變的非常硬，不好吃了。

❷ 烘烤時間長短差異較大，要看麵包的含水量，如果是用比較軟的麵包做糖片，烘烤時間會比較長。一般會挑選低糖分的麵包來做糖片，例如本書的「脆皮全麥麵包」或「魯茲迪克」，這兩款都是非常適合做糖片的麵包。

❸ 不同的糖，像是和三盆糖、素焚糖、上白糖、三温糖，它的脆度跟口感也會不一樣。沾和三盆糖去烤質感最好，其次是素焚糖，兩者的口感都比較細緻。上白糖跟三温糖烘烤之後口感則比較粗曠，但脆度會比較明顯。

no **098.**
長棍糖片

★ 脆皮全麥麵包

★ **義大利橄欖油麵包**

no 099.
橄欖油慢烤茄子溫沙拉

配方

Ⓐ	茄子	1 條
	鹽	2g
Ⓑ	初榨橄欖油	10g
Ⓒ	艾曼塔乳酪	8g
	初榨橄欖油	10g

作法

1. 材料 A 茄子洗淨對段，撒少許鹽在白色的肉面，靜置 5 分鐘，令茄子脫水，排掉一些水分。

2. 烤之前在表面淋上少許材料 B，送入預熱好的烤箱，以上下火 180℃ 烤熟，烤到有一點上色，有點氧化，體積比較小一點、會內縮，即是熟成。

◉ NOTE 烤的時候橄欖油只抹一點點，不希望加太多油，否則烤的時候會整個泡在油裡面。

3. 烤熟取出，再拌入材料 C 初榨橄欖油，散發新鮮的油類風情，接著刨適量艾曼塔乳酪絲，完成。

no 100.
番茄核桃溫沙拉

配方

小番茄	80g
烤熟核桃	30g
黑胡椒粒	少許
初榨橄欖油	8g
陳年紅酒醋	7g
生菜葉	10g
帕瑪森起司	少許

作法

1. 生菜葉洗淨；番茄洗淨對切。

2. 將小番茄、烤熟核桃、初榨橄欖油、陳年紅油醋拌勻（橄欖油 1：油醋 1）。

3. 拌入生菜葉、黑胡椒粒，再刨一點帕瑪森起司，完成。

no 101.
惡之起司菱格包

　　大圓球麵包橫著剖開，先把做底的麵包鋪滿起司絲，另外一半表面切直條，每個直條都抹上蒜頭奶油，再鋪回去組合起來。表面撒一層起司絲，送入預熱好的烤箱，以200℃烘烤10～15分鐘，起司絲融化上色就完成了。

　　大圓球裡面的起司會用莫札瑞拉（Mozzarella）跟切達（Cheddar）這兩種起司去混合，這種麵包只有大圓球可以做，因為它的烘烤時間比較長，如果用長棍或是片狀的，它在烤第二次時麵包會變乾乾的，這個吃法是完全針對大圓球而設計的。

★ **脆皮全麥麵包**

no 102.
牛小排沙拉調理漢堡 ✕ 德式餐桌麵包

配方

	牛小排	80g
Ⓐ	鹽	1~2g
	黑胡椒	1g
Ⓑ	綜合生菜	20g
Ⓒ	九層塔青醬	40g
Ⓓ	小番茄	30g
Ⓔ	帕瑪森起司	2g

作法

1. 綜合生菜洗淨；小番茄洗淨對切。

2. 材料 A 一同抓醃，靜置 5 分鐘。

3. 平底鍋預熱，加入適量橄欖油，鋪入醃好的材料 A 中大火兩面煎香，再送入預熱至 180℃的烤箱，烘烤 10~12 分鐘。

4. 烤好的牛排需要離開加熱源，休息靜置 3~5 分鐘（看牛排厚薄大小），再切薄片。

5. 材料 C 抹在麵包內面，再將材料 D 與靜置完畢的牛小排放入麵包內。

6. 放上材料 B，刨上材料 E 完成。

超療癒造型
甜點、饅頭

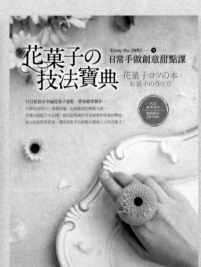

查詢電話：(852) 2564 7511
傳真：(852) 2565 5539
電郵：info@wanlibk.com

料理竅門，一學就懂，
炮製出美點佳餚

巧手糕點麵包

查詢電話：(852) 2564 7511
傳真：(852) 2565 5539
電郵：info@wanlibk.com

異國、本土風味菜

吃得健康，
打造好體質

抗癌飲食法

＝營養專家教你正確的飲食法則，幫你打造好體質。
60 道抗癌料理，吃得健康與美味！

癌症治療造成身體不適，飲食處處受到限制，
口腔發炎、消化不良、味覺改變、沒有胃口……
法國營養師與烹飪家共同設計 60 道食譜，
幫助患者找回飲食的樂趣，

戰勝癌細胞！

卡洛琳安德烈 *Caroline André*
克蘿伊威斯利 *Chloé Verdigue* 著

彭小芬 譯

用烤箱、氣炸鍋輕鬆做 59 種健康蔬果乾

**自己做
天然果乾**

Chips & Dip

龍東姬 ─ 著　　李靜宜 ─ 譯

健康零食 DIY！
喜歡蘋果、葡萄柚、奇異果等酸甜果乾滋味，
或是偏好馬鈴薯、牛蒡、豆腐、墨西哥餅等鹹食脆片，
只要運用烤箱、氣炸鍋，就能在家輕鬆做出零負擔的美味蔬果乾！

查詢電話：(852) 2564 7511
傳真：(852) 2565 5539
電郵：info@wanlibk.com

手作烘焙教科書
麵包、西點與餅乾 × 美味的無限可能

萬里機構　　萬里 Facebook　　萬里超閱網店

作　　者，呂昇達

美術總監，馬慧琪

文字編輯，蔡欣容

攝　　影，蕭德洪

出 版 者，萬里機構出版有限公司

　　　　　電話：(852) 2564 7511

　　　　　傳真：(852) 2565 5539

　　　　　電郵：info@wanlibk.com

　　　　　網址：http//www.wanlibk.com

　　　　　　　　http//www.facebook.com/wanlibk

印　　刷，鴻嘉彩藝印刷股份有限公司

發 行 者，香港聯合書刊物流有限公司

　　　　　地址：香港新界大埔汀麗路 36 號

　　　　　　　　中華商務印刷大廈 3 字樓

　　　　　電話：(852) 2150 2100

　　　　　傳真：(852) 2407 3062

　　　　　電郵：info@suplogistics.com.hk

出版日期，2019 年 3 月第一次印刷

Ｉ Ｓ Ｂ Ｎ，978-962-14-6993-9